動物病院119番

兵藤哲夫　柿川鮎子

文春新書

441

まえがき

この本は、動物と幸せな時間を過ごすための必要最小限の知恵を、動物病院の側から紹介したものです。

すでにペットと暮らしている人はもちろん、飼いたいけれど、どんなペットが良いのか迷っている人や、亡くなったペットとの思い出を大切にしている人、最愛のペットと幸せに暮らしてはいても現在問題になっている高齢動物の介護や問題行動に困っている人、さらに近所に野良猫がいて困っている人などなど、ペットに関係している様々な多くの方々に対して、動物病院の立場から何らかのアドバイスができないかと、ずっと考えていました。折良く文藝春秋より新書出版のチャンスをいただき、上梓にこぎつけることができ、感激の至りです。

私がこの本で言いたい事はただ一つ。ペットと暮らす人だけが得ることのできる最高の幸せを、より多くの人々に味わっていただきたいという一点です。

ただし、そのためには知識と工夫、そして少々の覚悟が要る、というのが経験上、得た結論です。日々の診察業務の中でも、「飼い主さんがその事を知っていたら」とか、「最初に教えてあげれば良かった」と悔やんだことも一度ではないからです。

では、その知識と工夫とは一体何か。

今、社会は史上空前のペットブームです。ペットに関する情報はそこここに蔓延しています。インターネットや雑誌、書籍の氾濫で、一体何が必要な情報なのか、わからなくなっている人や、振り回されている人も多いのです。

情報に振り回され、大切な基本知識が見逃されることの無いように、より多くの事例を紹介しながら、読んで役立つペットの情報を提供する、というのがこの本の趣旨です。構成はボランティア・スタッフで愛玩動物飼養管理士の柿川鮎子が担当しました。

まず簡単な自己紹介ですが、私は昭和三十八年に開設した兵藤動物病院（横浜市旭区）の院長です。兵藤動物病院は本院と保土ヶ谷橋（横浜市保土ヶ谷区）・いずみ中央（横浜市泉区）の二つの分院があり、これらを含めてスタッフは総勢二十名の総合病院です。通常の診療受付の他、二十四時間救急外来を受け付けており、宿泊用ペットホテル、トリミング

（グルーミング）ルームも完備しています。

また、二十五年前から日本動物福祉協会（ＪＡＷＳ）の理事をしている関係から、捨て犬・猫その他の動物を収容して新しい家族に迎える「里親活動」を積極的に行っているのが他の動物病院にはない特徴です。そのため、ペットの書籍でははじめて、迷い犬や保護動物の譲渡活動を行っている自治体の一覧を掲載しました。

動物と暮らす最高の幸せ。それは生きている人間ならば、誰でも手にすることができるものです。どうか多くの人が最高の幸せを味わって頂けるよう、願ってやみません。

『動物病院119番』目次

第2章　病院の秘密、教えます——動物病院徹底活用術　79

写真撮影　木村圭司

第1章　ペットと暮らす最高の幸せ——あなたが飼いたいと思った時に

I　ペットから学ぶ生き方

ペットを飼うということ

私はTBSラジオの全国こども電話相談室の動物に関する回答を担当しております。蛇の尻尾はどこからですか？　など、大人ではちょっと思いつかないような質問が飛び出して面白いのですが、そこで、「なぜ、ペットを飼うと楽しいのですか？」と聞かれたことがあります。案外こうした単純な質問が一番難しかったりするのですが、私は子供たちに「山でキャンプをしたり、海辺で遊んだり、自然と遊ぶ時に感じる楽しさをペットから感じることができるから楽しいのです」と答えました。

林の中で森林浴した時のようなすがすがしさを感じたり、さらさらと海岸にうち寄せる波に足を浸した時の気持ちよさ――これはすなわち自然の恵みを肌で味わう快感です。ぺットはただ家にいるだけで、そばにいてくれるだけで私たちにそうした自然の快感を体験させてくれるのです。

自然と接する時、人は身構えたり、格好をつけたりしません。あるがままの本来の姿に帰って自然と遊ぶでしょう。ある人は子供のように無邪気だったり、ある人はだまってじっと座って自然と対峙するだけかもしれない。いずれにしろ、人間はあるがまま、自然に接するものです。肩書きや名声など、人間社会で被っていたものはすべて捨て去り、自然の恵みを堪能するはずです。

飼い主の心を和ませるペット

動物と接する時も同じです。ペットはあなたが社長さんだからチヤホヤするわけではないし、あなたがかくべつ美人だから寄ってくるのでもない。あなたが単に好きだから、あなたと遊びたいから、あなたがくれるご飯が美味しいから寄ってくる。それにこたえてやろうと感じない人やそれを嬉しいと感じない人間はいません。人間だって動物ですから、本来はペットと同じ本能と感覚を持って生きているはずです。でも、人間社会ではとてもそんな自然なあなたを表現する場もないし、本来の良さばかり出していたら社会から淘汰、搾取されてしまうかもしれません。

だからペットを飼うのは楽しい。ペットを飼うというのは自然の良いモノをたくさんもらえるのと同じことであり、自然なあなたを取り戻すことだと、私は思っています。動物はそばにいるだけで癒しをくれます。

教えてくれる大切なこととは？

今、自然破壊や環境問題が人類の大きな課題としてつきつけられてきました。あたかも自然を征服できるかのようにおごり高ぶった人間中心的工業社会から、もう少し自然と共存しあう社会へと意識改革が行われてきています。ペットを飼うということは自然の恵みを味わい、さらに自分の意のままにならない自然の難しさをペットから学ぶこともできる。ペットが我々に自然の勉強をさせてくれる。だからこそ、ぜひ、たくさんの人々にペットを飼って欲しいと私は勧めているのです。現代社会でペットを飼うということは人間性を取り戻すための必須の手段であるとも言えるでしょう。

兵藤動物病院にはいろいろな飼い主さんがペットの診察に来ます。私の感じる範囲ですが、可愛がられているペットのいるご家庭はほとんどの場合、家族関係も良くて、いわゆる「良い家族」です。ごく親しい家庭に往診に行くと、母親から「息子が働かない」とか「娘が帰ってこない」などと相談を受ける場合があります。「そりゃまたたいへんですね」なんて話をして、往診から帰る途中、「働かない」と愚痴《ぐち》られていた息子が別の犬をつれて散歩をしているのに出会ってホッとしたりする。また、帰ってこないと心配されていた娘が猫をつれて病院に来る。

社会からおおきく外れる飼い主さんがいないのはペットの力というものでしょうか。いつも不思議に感じることです。

飼い主ではなく、むしろ、ペット業界関係者に大きな問題があるようです。第2章、第3章では良い動物関係者をさがすコツというのも紹介していきますので、どうか飼い主さんは間違った情報に惑わされないようにして、幸せなペットライフを堪能していただきたいと思います。

「人間が悪い」

さて、私は「ペットを飼うのは自然の良さを堪能するのと同じこと」と言いました。キャンプは自然との心地よい触れ合いと癒しをもたらしてくれますが、それでも藪蚊が飛んできたり、雨に降られたり、思いがけないアクシデントに見舞われることもあるでしょう。そのアクシデントから何事かをつかみ取り、自然の懐にあるという感覚を取り戻すことができるのがキャンプの楽しみでもあります。ペットも同じです。

ペットはいつもいつも可愛らしく人間の思うがままに行動してくれるとは限りません。ある飼い主さんの家では分離不安に陥った二頭の犬が飼い主の留守中に結託して家の中の大きなソファーを玄関に移動してしまい、飼い主が家に入れなくなって大騒ぎになりました。

ソファーぐらいなら被害も少ないでしょうが、猫がマイセンの花瓶を割ったりウサギが高価な掛け軸を齧ったりという被害は、ペットを飼っているお宅ではごく普通にあるアクシデントでしょう。それを「許せない、絶対に嫌だ」と思うか「ちぇっ、しかたがないな」と受け入れるかどうか、そこが人間として大きな分かれ道であると私は思います。「ちぇっ、しかたがないな」と、被害を受け入れられる人が多い社会こそ、人間が暮らしやすい社会であると私は思います。「許せない、絶対に嫌だ」という人ばかりだと自分の意見を受け入れられないものを排除するばかりで、ギスギスした嫌な社会になってしまいます。そうして、他者を受け入れられない人が増えれば、対立が増え、究極的には戦争へと拡大・発展してしまうのではないか、というのが私の持論です。

運転中、老人がゆっくり道を横断しているのを見て「遅刻しそうだけれど、しかたがないな」と見守ってあげる。赤ちゃんの乳母車を階段で「しかたがないな」と上から引っ張ってやれるかどうか。聖人君子ではないから笑顔でできなくてもよい。「しかたがないな」で譲り合える心があれば、もっと人や自然に優しい社会になるはずなのです。

サザエさんの作者・長谷川町子さんは大変動物の好きな人で犬や猫をたくさん飼育していましたが、アメリカで感動した場面を漫画に描いています。大きな公園で放し飼いにされたリスがたくさんいました。一匹がチョロチョロと走って自動車道路を横切ろうとしたそうです。長谷川さんはびっくりしてこれはもうダメだ、自動車に轢かれてしまうと観念した。

しかし、リスが来たら自動車が横一列にピタッと止まっ

動物と人間がともに暮らせる社会へ

て、リスの横断を待ったそうです。リスも悠々とした態度で道を横切り、あろうことか真ん中で座り込んで毛づくろいをはじめてしまった。その間、横一列に止まった自動車はクラクションひとつ鳴らすわけでもなく、じっとリスが道から離れるのを待っていた。しばらくして、よっこらしょとリスが道を渡り切ったら、止まっていたリンカーンコンチネンタルとかベンツとか大型の自動車が何事もなかったかのようにいっせいに走り始めたそうです。長谷川さんは『サザエさん旅あるき』（朝日新聞社刊）のなかで「私は、やたら感動するたちです」と書いていましたが、動物と人間の関係を描いた非常に印象に残るシーンです。

さて、とはいっても、いつもいつも「しかたがないな」で面倒なことばかりするのは私も嫌です。心の勉強とはいえ、自然の厳しさから学ぶばかりではつまらない。できれば自然の心地よさをよりたくさん味わってもらいたい。そのためのコツというのもあります。キャンプだって、天気がよい日を選んで行った方が楽しいに決まっています。私はこの本で、なるだけ自然からもらう心地よい気分、お金では買えない素晴らしい快感をたくさん味わってもらうためのコツをご紹介するつもりです。

ただし、前もって言っておきたいことは、それでも意のままにならないアクシデントは必ずある。だからといってせっかく家族に迎えたペットを手放したり、苦しめたりしてはならないのです。

私は約四十年間、動物病院を経営して獣医師として仕事をしてきましたが、はっきりと断言できるのは、「ペットが悪い」という事態はいまだかつて一件もないということです。例えば犬が咬んで人間を傷つけてしまっても、環境をよく取材してみれば人間の飼い方に問題がある場合がほとんどです。咬んだ犬には犬なりの正当な理由があって咬む。私の体験では、すべて飼い主かブリーダーもしくは獣医師など、そのペットを取り巻く「人間が悪い」のです。ペットは悪くない。いつだって人間が悪いのです。ですから何か問題が発生したときも、ペットのせいには絶対にしないで下さい。

ペットから愛情を知る

ペットがくれる一番の「宝」は「愛情」だと思います。現代社会では得難い「無償の愛」というものをペットはもたらしてくれます。私だって家に帰ってあれほど喜んで迎えてくれるのはペットだけ。家族だって、心では多少なりとも嬉しく思ってくれているのかもしれませんが、舌を垂らして一目散に走っては来ない。

あなたが好きだということを全身で表してくれる。あなたに会いたかった、あなたがいてくれて本当に嬉しい。あなたのそばにいるとくつろげます。あなたが世界で一番好き……そんな愛情表現を自然にしてくれるペットが傍らにいてくれたら、あなたの人生は豊かで温かいものになるに決まっています。

この眼差しに愛情はとどくか

ペットの愛に裏切りという言葉はありません。私が長年動物福祉に携わってきていつも辛く感じるのはその点で、ペットは虐待されても殴られても飼い主が好きなのです。飼い主が好きでたまらないから、虐待されても別の飼い主を探そうなんて考えない。虐待した人間でも恋慕う。だからこそ、私は虐待者を断固として許せないのです。

また、あっちの家の方がお金持ちだからこの家を出てあっちで肉を食べる生活をしよう、なんて考えない。いったん飼われたら飼われた家が一番になってしまう。たとえそれが動物の習性からくるものだとしても、打算無く愛情を与えるという行為に心を動かされない人はいないでしょう。愛情とは本来そうした見返りのない感情であることをペットは人間に教えてくれます。

昔は母親がそうした無償の愛を注いでくれる存在でしたが、便利になってしまった現代社会で母親の愛を存分に発揮できる場は案外少ないのかもしれません。そういう意味からも、「愛」を学ぶ機会が減った現代社会で、ペットは人間にとって必要な存在とも言えます。

人はなぜペットを飼うのか。アメリカ・ネブラスカ大学の研究によると、自分の犬を半年以上撫でていると血圧が下がるという統計が出ているほか、オーストラリアの免疫学調査でペットを飼っていた人の血圧は飼っていない人に比べて二パーセントも低いという統計を読んだことがありますが、そうした打算的な考えからペットを勧めるのは、私はあまり好きではありません。ペットは自然の快感をくれ、愛を学ばせてくれる、そして楽しい。

だからこそ一人でも多くの人にペットと暮らして欲しいと主張したいのです。

Ⅱ　飼い主が最後まで責任をもつ

飼う前に必要な条件5つ

①あなただけではなく、家族全員の同意がありますか？
②動物を飼うにはお金と時間がかかります。時間と経済的余裕はありますか？
③不測の事態が発生した時に信頼できる里親が身近にいますか？
④住んでいる家はペットを飼育しても良い条件付きですか？
⑤赤ちゃんのアレルギーなど、動物の毛や糞尿が原因で喘息の発作を起こしたことはありませんか？

この5点は最低限、ペットを飼う時に必要な項目ですから、一つでもNOという答えならば動物を飼うのはあきらめるか、その条件をクリアしてから飼って下さい。

動物を飼うには、その尊い命をあなたが背負うのだという決意と覚悟が必要です。「命」とは、世の中にたった一つしかない、そして他に代えられない、かけがえのない重たいものです。もし失ったら二度と手に入りません。

同じ命は二つと無く、一緒に過ごすことのできる時間は限られています。ほとんどの動物は人間よりも寿命が短く、楽しく遊べる時間はごくわずか。だからこそ、動物と過ごした楽しい時間はいつまでも心に残るのでしょう。これからペットを飼おうと思っている人にはぜひ、右の5点を考えてみて下さい。

洋服や自動車を買うような衝動買いはその後の不幸を招く事態になりかねません。ペットショップで可愛いペットと目が合い、衝動的に欲しくなっても、すぐには手に入れずにせめて一晩、冷静に考えて判断して欲しいのです。一つ一つの項目ごとに理由を説明しましょう。

①あなただけではなく、家族全員の同意がありますか？

特に、家族の同意というのは必須事項で、どうしても動物が苦手という人もいます。幼い頃に犬に咬まれてしまったとか、残念ですが特に母親が嫌いだと子供が動物嫌いになる傾向が強いように見受けられます（もちろん、そうでない人もたくさんいますが）。

現代では犬や猫は家の中で飼うというのが一般的ですが、お年寄りや一部の人々はまだ

「犬は外で番犬」という意識も強くて、家の中に動物がいるという事態に耐えられないと感じる人もいます。それはそれで否定はしませんが、本来、群れの中にいてこそ安心できる犬が一頭だけ家族という群れから離れて玄関先に放っておかれたら、つらくて鳴きわめいてしまうのはしかたがありません。

人間のそばが一番安心できる

犬にとって、玄関でひとりぼっちというのはどんなに苦しい一生だったか、昔の犬に比べると今の犬は本当に幸せだと感じずにはいられません。私は犬はできるかぎり、家の中で、家族が見える場所で飼って欲しいと指導しています。それが群れで生きてきた犬にとって最も安心できるからです。もし、身近に犬がいることを耐え難く辛いと感じる家族が一人でもいたら、飼うのは諦めるべきでしょう。犬にとっても、人間にとっても不幸な結果を招きます。

私は動物のための医療、動物福祉に関係して四十年以上も活動を続けてきました。獣医師として医療に関しては動物のためを第一に考えて処置をしてきましたが、究極の選択を

図表1　ペット飼育の好き嫌い

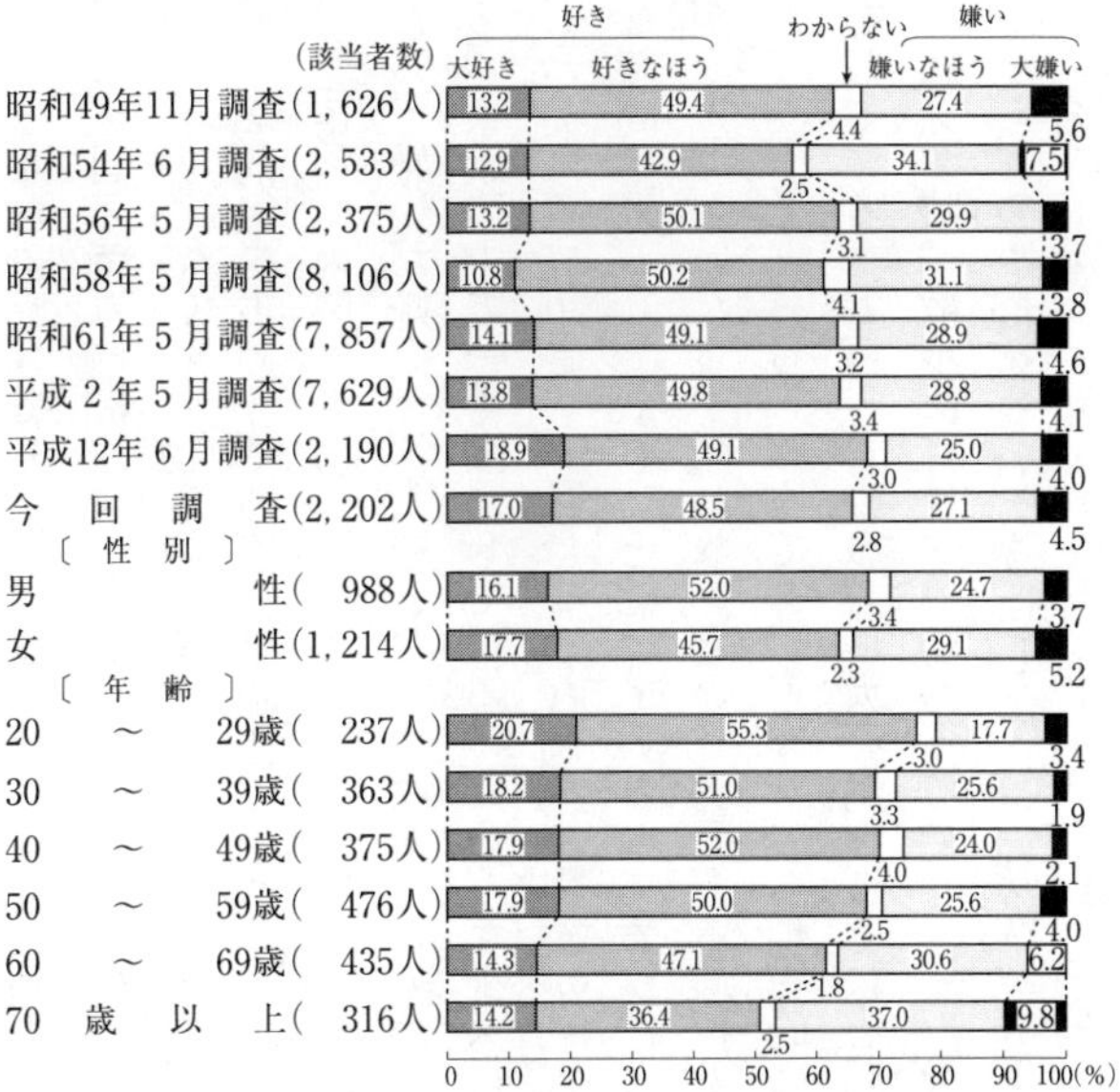

出典：「動物愛護に関する世論調査」
(2003年7月、内閣府大臣官房政府広報室)

せまられた時は、私は人間を取ります。人間と動物、どちらを優先させるか、とか、どちらが大切か、ということではなくて、現代社会が人間を中心に構成されているからです。社会構成上、いたしかたないのです。

　人間と動物、どちらも幸せに共存していきたいのはもちろんですが、もし、ペットを飼って人間が不幸になるのだとしたら、飼うべきではないし、あなたがどんなに好きでも、嫌いなペットと毎日顔を合わせなければならない家族がいたら、その人は不幸な時間を過ごさねばなりません。だとしたら飼うべきではないでしょう。政府が発表している動物愛護に関する世論調査でも、動物が大嫌いとする人は全体の四パーセント前後を占め、その割合は昭和五十六年から変わりません（27頁、図表1　ペット飼育の好き嫌い・内閣府大臣官房政府広報室）。

ただし、嫌いだ嫌いだと大騒ぎして大反対した人が実はペット大好きだった、しばらくしたら、家族の中で一番溺愛している、というケースは非常に多いのも現実です。じっくり話し合ってみて下さい。私は幸せな飼い主さんが一人でも多く増えて、ペットと楽しく豊かな時間を過ごして欲しいと願っているのですが、どうしても飼いたくないと主張する家族が一人でもいたら、飼わないという勇気ある選択もあります。

また、ペットと暮らしたくても、どうしても現実的に無理な場合も多いのです。例えば、勤めをしている一人暮らしのOLに犬を飼うことはお薦めできない場合もあります。急な出張や病気の時、散歩に行けない時もあるでしょう。犬が人間の事情を理解して「明日は出張だからご飯を食べないようにしよう」「朝晩の散歩は我慢する」なんて理解してくれればよいのですが、そういうわけにはいきません。それでもペットを飼いたいという一人暮らしのOLだったら、朝晩の散歩が必要ない猫やウサギ、また、夜帰ってきたときに一緒に遊んでくれる夜行性のハムスターなどを飼った方が動物にも人間にも幸せです。最近ではイグアナなど爬虫類が女性に人気です。もちろん、爬虫類やエキゾチックアニマルを飼うには専門の知識と覚悟が必要です。

現在、そうした動物を飼育する際の相談窓口はペットショップか動物病院ぐらいしか身近にありません。ペットショップで正確なアドバイスが難しい時は、動物病院に相談に行くのもよいでしょう。「これから動物を飼いたくて、この動物病院に通うことになるかもしれませんが」と前置きして自分の家族構成はこうで、どんな動物をペットに迎えるべきかを聞いてみたらいかがでしょうか。もし、そこで「ウチは動物の病気だけを治す場所だからそんな問い合わせは迷惑だ」と断るような動物病院だったら、それは本当に動物のためになる病院ではないと断言できます。

動物病院でアドバイスを聞く

これから飼うであろう動物が健康で幸せな一生を送るために、飼う前からアドバイスできないような病院では、病気になっても動物のためになる診察は難しいと思います。ただし、獣医師は忙しいし、専門もある。例えば、「犬・猫」病院と「動物」病院では診察対象動物の範囲が異なる場合があります。さらに、混雑する春から夏にかけては十分な話し合いの時間をもてない時も多いのです。さらに、飼い主の側にしてみれば、獣医師に「どんな動物を飼ったらよいか」などと聞くのに抵抗がある人もいるでしょう。

そんな時はAHT（アニマル・ヘルスケア・テクニシャン）と呼ばれる看護士に聞いてみて下さい。最近では男性も増えていますが、看護士の多くは若い女性で、彼女たちは本当に動物の気持ちを察して働いてくれる人たちです。動物の習性にも詳しく、ベテランになるとペットの飼育環境について獣医師以上の的確なアドバイスができる人もたくさんいます。信頼できる看護士に相談するのも一つの方法です。また、第2章にも関連しますが、良いAHTのいる動物病院は活気があって良い動物病院とも言えます。どうか飼う前には動物の習性を考え、あなたの生活に合った動物を選んで家族に迎えて下さい。

②動物を飼うにはお金と時間がかかります。時間と経済的余裕はありますか？

これから飼おうと思っている人は、動物のためにどれだけ時間を割くことができるかを考えてみて下さい。時間がないからとほったらかしにしたために、病気の兆候を見逃して手遅れにさせてしまったという例をたくさん見てきました。ペットを飼うには時間的余裕が絶対に必要です。

私の友人で、会社をリタイアしたあと、健康によいからと大型犬を飼ったものの、朝晩の散歩に目を回してしまい「雨が降っても雪が降っても散歩に行かなければならない。こんなに大変だとは思わなかったよ」と嘆いてきた人がいます。大変だ大変だと言いながら会社時代よりも血圧は下がるわ体重は減るわで、顔の色つやも良く、傍から見るとすっかり健康的なので、あまり気にせず「そうだよ、犬を飼うというのは大変なことなんだよ」と、適当に同情したふりをしたものです。

リタイアして時間的余裕のある人ですらこうなのですから、組織の第一線で活躍するビジネスマンが毎朝・晩と犬を散歩させるというのはもう超人技でしょう。前の晩、大切なお客様との接待で遅くなるわけにもいかないし、急な出張にも対応しなければなりません。絶対に無理だとは言いませんが、ビジネスマンが一人で犬の世話をするのは難しい。

私の病院に来られるある企業のトップは、毎朝、犬と散歩しないと気が済まない。早朝、河原を歩くことでビジネスの発想を練り、また、深夜、犬と近所の河原へ行くことでたまったストレスを発散させてすっきり眠りにつくのが習慣でした。ある時、この話を会社で

最近は犬の運動場「ドッグラン」も増えた

リスクマネジメントの専門家に話したら「セキュリティ上、危険すぎる。絶対禁止」と申しわたされてしまった。誘拐や事故に遭ったら組織に迷惑がかかるから、というのがセキュリティコンサルタントの意見だったそうです。

仕方がないので、その後は運転手を同伴させて散歩に出ることにしましたが、「どういうわけか、この子の方が運転手付きの散歩に恐縮してしまって、今までのように楽しくのびのび歩いてくれないんですが、先生、どうしたらよいでしょう」と相談を受けたものです。社長さんが抱いている小さな可愛らしいマルチーズ犬を見ながら、せめてもう少し精悍かつ獰猛な大型犬だったらセキュリティコンサルタントも違う意見だったろうに、と思ったものでした。

散歩や世話が大変だと感じるケースは人によって様々ですが、ともかく、最初に言っておきたいのは、飼うには時間がかかるということなのです。

時間というのはその人の感覚で長くも短くも感じられますが、私の愛犬の場合を紹介しましょう。まず散歩の時間で最低朝晩二十〜三十分以上。ブラッシングと朝晩の餌づくり。寝床にしているカゴの上に敷いてあるシーツの取り替え。さらに、一日ごとにカゴの下に敷いてある布の洗濯、毎月のシャンプーと耳掃除、六月から十一月までは毎月チュアブルタイプのフィラリア予防薬を食べさせています。最低限、犬といっしょに暮らすのに必要な仕事でこれだけあります。

時間だけではありません。動物を飼うためにはお金も必要です。いったいペットと暮らすためにはどれぐらいのお金がかかるのか、のちほど具体的に数字を挙げて説明します。えっ、こんなに必要なの!?　と驚くか、これだけでよいのか、と安心するかはあなたの考え方次第です。

私は先にペットを飼うことは自然の恩恵を享受することだと書きました。あなたは月の満ち欠けにお金を払わないでしょうし、良い天気だからといって高額を請求されることもありません。それと同じで、本来ならば、飼うという行為にコストやお金の計算はそぐわないのですが、現実にペットが食べるフードや病気になった時の治療費など、ペットを飼うとお金がかかります。それだけは知っておいて下さい。

③不測の事態が発生した時に信頼できる里親が身近にいますか？

先日、病院で悲しい事件がありました。ある一家が破産して夜逃げをしてしまい、後にペットが残されたのです。警察と弁護士から相談を受けて引き取りに行きましたが何とも殺伐として悲しい風景でした。その後、しばらく病院で預かっていましたが、親戚という人が来て引き取っていきました。

夜逃げするぐらいですから、経済的には逼迫していたのでしょうが、ペットは栄養状態も良く、可愛がられていた形跡があり、よけい哀れさが募ります。不測の事態というのは誰にでもどこでも起きることですから、ペットを飼おうと思っている人、また、すでに飼っている人はそれに備えておくべきです。

もし、あなたが死んでも後でペットを引き取ってくれる人はいますか？　特に大型のインコなどは二十〜三十年と寿命も長く、もしかするとあなたが死んだ後も世話をしてくれる人が必要になるかもしれません。犬や猫でももし万が一の時を考えて親戚や知人に声を掛けてみて下さい。

幸いなことに、日本人には正当な理由のある可哀想な動物に手を差し延べてくれる人が意外と多くて、阪神・淡路大震災で身寄りのなくなったペットは全国各地で幸せな家庭を見つけることができました。私の病院でも災害直前に犬を亡くしたという飼い主さんが引き取ってくれました。「この子は一生の苦労を味わったんだから」と可愛がられてとても幸せそうです。災害の場合は組織で動くので引き取りのチャンスもありますが、その他、よほどの理由がない限り、新たな飼い主を短期間で探すのは難しいと考えるべきでしょう。

④住んでいる家はペットを飼育しても良い条件付きですか？

「飼えなくなってしまった」という理由の多くに、住環境の問題があります。隣の家から苦情が出た、ペット不可のマンションなのに飼っていることを見つかってしまった、何とかして欲しいという相談が多い。

先日は「お隣から臭いと苦情が出た」というガチョウを保護しました。水鳥の臭いはかなり強烈で、臭いになれている動物病院のスタッフも困り果てています。また、早朝の鳴き声もかなり大きくて「普通の家でこれを飼うのは相当難しかっただろう」と思いました。今、収容してくれそうな池のある公園や動物園に声を掛けています。

私としては「どうして飼うのが難しい動物を買ってくるのか」とか「飼育不可のマンションと最初から分かっているはずだろう」と飼い主を怒りたい心境ですが、こうして相談に来てくれるだけペットのことを考えている人なのだと自分を納得させながら里親探しに協力することになります。

そうやって困った問題を投げかけてくれる人は良い方で、黙って捨ててしまうケースがほとんどだからです。捨てられた動物は自分で飼い主を探すことができません。しかし、動物病院の中にはこうした捨てられた動物の保護活動にいっさい協力しない獣医師の方が多いのが現状です。

最近では公営住宅の中でもきちんと取り決めをして集合住宅でもペットを飼って良いというところが出てきました。糞尿の始末はもちろん、隣近所に迷惑をかけないという条件付きですが、飼育に関する約束が破られることなく今までトラブルはほとんどないと聞いています。また、都内でも飼育可を売り物にしたペットマンションが発売され人気です。飼い主がモラルを守り、きちんとケアすれば「飼って良い」という集合住宅はこれからも増えていくはずですが、現状ではまだまだ「不可」が大部分です。

以前、日本動物福祉協会阪神支部が主宰したシンポジウムで管理人・住民と話し合いの末、飼育不可のマンションの規約を飼育可にした成功例が紹介されました。もともと飼育条件は無かったために、飼っていたところ、突然管理会社が変わり、飼育不可の条件がついてしまった。そこで、飼い主の家が結託して会社と根気よく話し合いを続けてようやく「飼育可」にこぎ着けたという非常に感動的な事例でしたが、活動のリーダーになった飼い主さんが非常に熱心で「ここまでやれる時代になったのだなあ」と感激しました。

とはいっても一人の力でどんなに主張しても社会がまだ「ペットとともに暮らす社会」という構造になっていません。飼育不可の集合住宅ではやはり飼うのをやめる決意が必要です。

⑤赤ちゃんのアレルギーなど、動物の毛や糞尿が原因で喘息の発作を起こしたことはありませんか？

子供の喘息がひどくなった、あるいはアレルギーの発作を起こしたというものですが、私に言わせると「子供が敏感なアレルギー体質であることを見抜けないようなお母さんでは困る」のですが、仕方がありません。引き取ります。

里親活動をしていると大海に向かってコップで水を汲んで捨てているような、空しい気分にさせられます。汲んでも汲んでも目の前に広がる海、それに一人で挑戦するのは無駄な作業だなあ、もっと、何か効果的な方法があるんじゃないかなあと感じるのですが、現実に可哀想な犬猫が目の前に来てしまったら幸せにしてやりたいという気持ちが先に立ってしまい、使命感に燃えてしまう。

こうしたケースではペットショップで買ってまもなくということが多いため、まだ子犬や子猫で、里親も比較的探しやすいのが不幸中の幸いです。先日も「飼えなくなった」と、三ヶ月のダックスフンドと真新しいケージや玩具など山のように新品を積んで来た家族がいましたが、即日、飼いたいという家族が見つかりました。「新しく名前をつけましたが、前の名前も覚えているんです」と新しい飼い主さんは言っていました。たった一週間でも利口な犬はもとの家族を忘れないのだと、切なくなったものです。

ペットショップで買ったが、飼えなくなったチワワ

ペットショップから温かい家に迎えてもらって、ダックス犬は幸せな気分を味わったはずです。だから、最初の家族の家が気に入っていたとしたら、何とも寂しい。本来ならばずっと一つの家族しか知らずに幸せに暮らせたらよかったのに、人間の間違いで動物を傷

つけてしまう。そんな事態はもうやめにして下さい。そのためには人間が知恵を働かせて、動物を傷つけるような事態を避けるべきなのです。

ではこの5つの条件もクリアできた。新しく飼うためにどうするか、どこで動物を手に入れるかを考えてみましょう。

Ⅲ　かけがえのないペットを探す方法

ペット流通の現状とは？

獣医師の中にはペットショップを批判する先生もいますし、非難されても仕方がないペットショップも世の中に多いようですが、私の知るかぎりにおいては、経済活動のみを優先させているペットショップは都市部では次第に淘汰されてきているという印象をもっています。

昔は死にそうな伝染病の犬を連れてきて「注射一本だけしてくれ、今日もてばよいのだから」とごねられた、という噂も聞きましたが、そんなところが長続きするはずもありません。

現代の凄いところは情報の伝達速度で、「あそこが悪い」となったらサーッと広まってしまいます。私が見るところ、地元で何年も続けていられるような老舗ショップはそれなりにちゃんとしているようです。

まず、飼うための5つの条件が整ったら、「どこから買うか」を選択するべきです。ペットショップか、ブリーダーか、その他、私のお薦めする動物保護収容所からか、選択肢はいくつもあります。

環境省が発表した「ペット動物流通販売実態調査報告書」には犬・猫の主な流通経路を頭数ベースで推計したフローチャートがあります（41頁、図表2）。流通ルートでは「小売」からペット飼育者（図表のA部分　年間約二万五千頭）、「生産＋小売」からペット飼育者（同B部分　年間約二万七千頭）、「生産＋卸売＋小売」からペット飼育者（同C部分　年間約二万一千六百頭）が上位で、日本のペット流通三大経路です。

続いて「生産＋卸売」から「せり市」へ（D部分　年間約一万一千頭）、「生産＋卸売＋小売」から「せり市」へ（E部分　年間約一万三百頭）、「せり市」から「小売」へ（F部分　年

図表2　犬・猫の主な流通経路

年間（2001年）の生産頭数ベース。2001年の推定年間総生産数＝約97000頭（犬：89300頭、猫：8500頭）

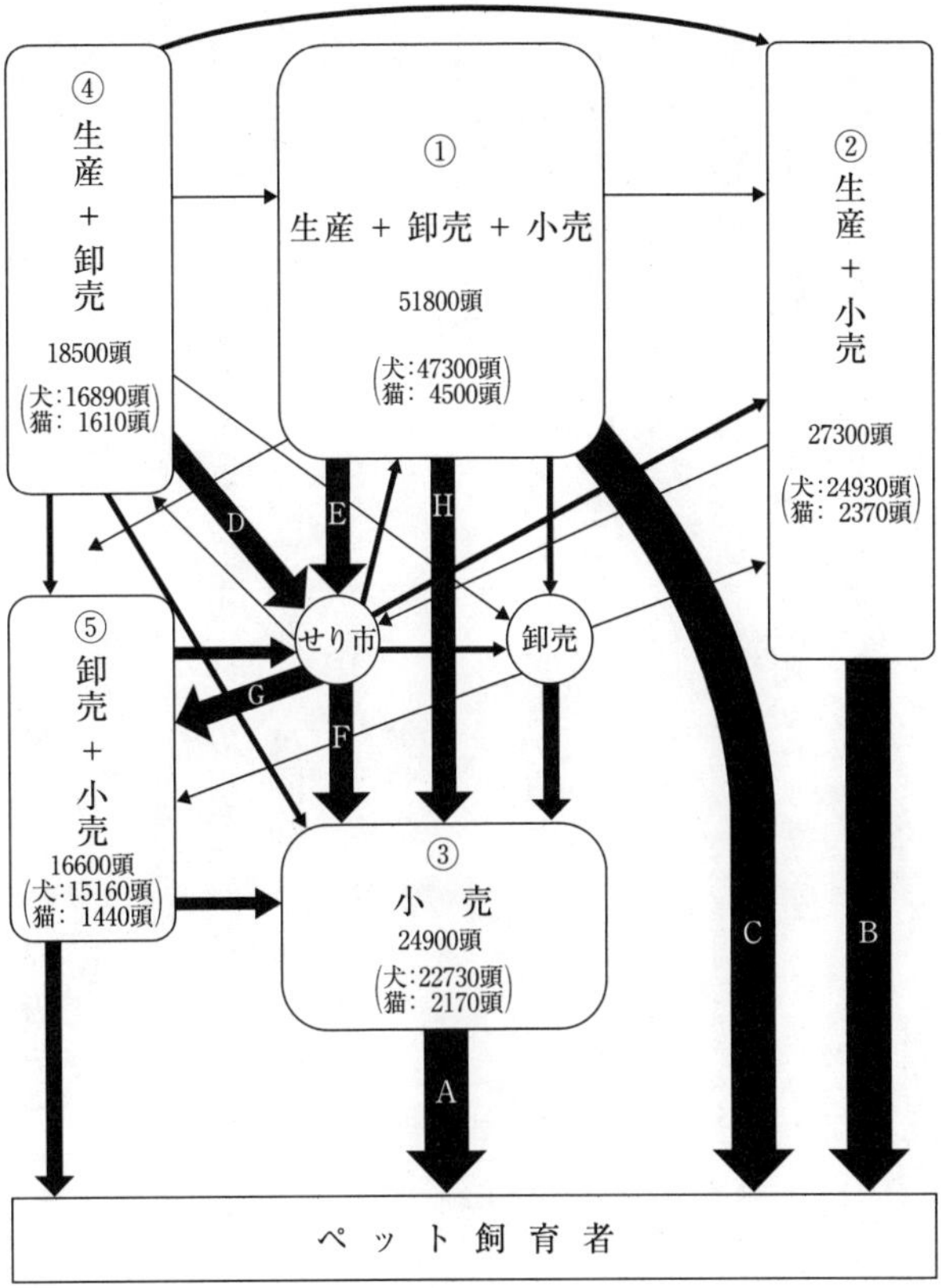

出典：「ペット動物流通販売実態調査報告書」（2003年3月）環境省

間約一万頭)、「せり市」から「卸売＋小売」へ(G部分 年間約九千五百頭)、「生産＋卸売＋小売」から「小売」へ(H部分 年間約八千六百頭)となっています。

統計によると、業者数ベースや保有頭数ベースでは流通過程の全構成要素のなかで「せり市」(業者数約十五件)や「卸売」(同約二十二件)の占める割合は小さいものの、せり市への年間流入頭数は約二万七千二百頭、「卸売」へは同約七千頭となっており、特にせり市を経由する犬・猫の数量はかなり多いとみられる、とされています。

ペットショップの利点と欠点

動物を手に入れる手段として、最も気軽で身近なのはペットショップでしょう。

もし、ペットショップで買いたいと思ったら、ショップを選ぶことから始めて下さい。最初から売らんかなの姿勢で押しつけるような店ではダメ。店員が飼育方法をきちんと説明して、できれば愛玩動物飼養管理士のような資格を持ち、専門に勉強している店員がいればよいでしょう。店員の質が高いところは信頼できます。

また、地元で長い間、商売を続けているペットショップであるかどうかも一つの判断基準になります。というのも最近、駐車場やショッピングセンターで期間限定の臨時ペットショップをオープンしている移動店舗のトラブルが増えているからです。私が調査に行ったお店は「ペット販売、日本○○」もしくは「東京○○ペット」などと、あたかも公的で信頼できるような社名を掲げて販売していましたが、店長がいかにも怪しかった。契約期間が切れると店は別の場所に移動してしまい、その後、担当者に相談に行くこともできませんでした。そんなお店からは絶対に買わないこと。

ペットショップの良いところは、「いろいろな種類の中から選択できる」という点です。米国ではこれまでブリーダー中心の販売でしたが、日本のペットショップ型が次第に逆輸入され、大型ショップが増えていると聞いています。

ペットショップで家族を待つ

「この種類を飼いたい」という目的がはっきりしているのならばよいのですが、多くの飼い主さんは種類についての特性を知らずにいます。ここで少し犬種ごとの特性を紹介します。

例外ももちろんたくさんある、という前

提で話を進めると、小型犬でもヨークシャーテリアやマルチーズは遊びが大好きで元気に吠えます。同じ小型犬でもシーズー犬はおっとり穏やかで無駄吠えはしませんが、性格的に頑としてきかない部分があります。さらに、ちょっと前に爆発的な人気犬種となったコーギー犬は、もともと牛追いのために作られた犬種なので、スタミナばつぐんで運動量が必要です。さらに、肥満には充分に気を付けなければなりません。愛くるしい表情のパグ犬は夜、大きなイビキをかくことも多い。

また、よく間違える人がいますが、盲導犬に使われるレトリバー犬種は非常に利口ですが、それは人間がきちんと学習させるからなのであって、最初から人間の生活に合わせてくれるわけではありません。「うちの子は盲導犬のように利口じゃないんです」なんていう飼い主さんがいて困ります。根気よく教えれば非常に覚えの良い利口な犬種です。そして、力も強いのでしつけをきちんとしないと、散歩中に引っ張られて、転倒し、思わぬ大ケガをすることもあります。あなたはそこまで知った上でも、ペットショップに並んでいる犬たちと暮らしたいのですか？

犬種による特性を知らずに見た目だけで可愛いと飼ってしまうのは危険です。すでに述べた「5つの条件」に照らし合わせて、動物の種類や性質に精通したペットショップの店員さんが顧客と一緒になって考えてくれるような店ならば、信頼できると考えてよいでしょう。

単種では性格が明らかな場合がありますが、それがミックスされると思いがけない適性が現れることがあります。こうした犬種による性格の差を上手に利用して、米国ではラブラドールとプードルをかけあわせたラブラドードルという犬種が人気です。ラブラドールの高い学習能力と、さらにプードルの毛の抜けにくい特性を併せもつため、犬アレルギーをもつ人たちが飛びつきました。

特にプードルの可愛らしい容姿と抜けにくい毛が屋内飼育に適しているため、プードルとヨークシャーテリアをかけあわせた「ヨーキプー」、マルチーズとかけあわせた「マルチプー」、ゴールデンレトリバーとかけあわせた「ゴールデンドードル」なども登場。将来的にこうした飼いやすい新しい犬種が増えることで、犬を飼いたい人にとって、選択肢がもっと増えるでしょう。

残りものには福がある

ペットショップのショーケースの前に貼られた値札の金額がだんだん下がっていく、というのを見たことがあるかと思います。あるいは「要相談」という張り紙がしてあったりして、ちょっと大きめの子が残っていたりする。そうした子にも目を向けてみて下さい。

ペットショップで飼い主が現れるのを待っているのは生後二、三ヶ月で可愛い盛りの犬たちです。しかし、そうした時期は母親からの免疫がちょうど切れる時期でもあり、いったん伝染病が広まるとひとたまりもありません。ショップでのペット販売を反対する人はその点を理由にしています。

免疫の切れる危険な時期であり、もう少し母親のところで飼育させ、兄弟同士で遊ばせながら社会性が身に付いた段階で売るのがベストだと私も思います。しかし、そうなると成長してしまい、販売する機会を失ってしまう。非常なジレンマです。

ペットに限って言えば、「売れ残り＝粗悪品」ではありません。売れ残りというと何となくイメージが悪くなってしまいがちですが、それなりに物語があって楽しいものですし、犬は「売れ残りだぞ」と言っても心から傷つきません。私はそんなあっけらかんとした犬たちが大好きです。

そして、どのペットの本にも書いてある通り、元気な個体を選んで下さい。目がきらきらしていて人間と遊びたいという意欲があり、子犬らしい自然な動きをするかどうか。身体から嫌な臭いが出ないかが一つの目安です。

動物病院では「ペットショップでぐったりしていて可哀想だったから買ってきた」という動物を連れてくる飼い主がいます。可哀想だから家で面倒を見てあげようという立派な心がけの素晴らしい人です。しかし、私は心を鬼にして、あえてそれは違うと申し上げたいのです。

元気でない個体を売るというのは、本来やってはいけないことです。ルール違反のペットショップから高いお金を支払って元気でない生体を引き受けてしまったら、そのお店に利益を与えてしまいます。資本主義社会では通常の経営活動ができなくなったら、自然淘汰されるもの。そうしたルール違反のペットショップはこの世から消えるべきです。「ぐったりして可哀想だから」と安易に手を差し延べるべきではありません。

ペットショップでは元気な子を！

もし、そうした明らかに状態の悪いペットを売っているお店があるのだったら、どうか日本動物福祉協会（本部は電話03―5740―8856、支部についてはウェブサイトhttp://www.jaws.or.jpを参照）に相談してみて下さい。獣医師の免許をもった専門家が調査することもできます。

そして、私の体験から言えば、残念ながらすでにペットショップにいる時点で異常のある動物は、かなりの確率で完治が難しいのです。高いお金を出してルール違反のペットショップを潤わせて、さらに動物病院でも高い治療費を支払い、最終的に死んでしまう。動物にとっては短い期間でも家庭に迎えられて幸せだったと思いますが、このようなことは繰り返してほしくはありません。

現在、意識の高いペットショップが立ち上がって団体を作り、一定の基準以上の飼育環境で販売できる店に「優良ショップ」マークを付けて他と差別化しようという動きが出ています。「一生懸命改善に努めているのに、一部の劣悪ショップのせいで自分たちまで悪者にされてしまうのは残念だ」と業界の中から立ち上がる人が出てきました。こうした団体の中では、ペットショップの開業を許可制にして管理の行き届いた環境で健康な動物を販売しようという主張もあります。これは非常によい傾向です。ぜひそうしたお店から、あなたの家に合った個体を家族に迎えて下さい。

ブリーダーも選ぶ

動物病院でもブリーダーと付き合いがありますが、こちらもびっくりするような知識をもっているし、熱心で優れた人が多いので、動物を迎える人も安心です。何かあった時はすぐに連絡がつくし、何か困った時にも相談に乗ってくれる。良いブリーダーに出会えた段階で、あなたのペットライフは幸せが約束されたようなものです。

では、どんなブリーダーが良いかというと、もちろん、その犬種についての知識が豊富である以上に、人間的にあなたと長く付き合えるかどうか、隣人として快くお付き合いのできる人かどうかというのも大きなポイントです。

ここで私が述べているブリーダーとは、規模が小さく、その種に心底惚れ込んでいるブリーダーのことです。こうした人は市場に出さず、自分で納得した飼い主にしか販売しません。大規模なブリーダーの中には種類はどうでもよく、利益優先の人もいるので、同じ「ブリーダー」と言っても注意が必要です。

他の業界ではあまり見かけないようですが、動物の業界では人間関係その他社会的な常識を超越した人がたまにいます。まず話してみて、その人が常識的な社会人として普通に付き合える人かどうかを見極めて下さい。

ペットは子供の時にある程度親や兄弟の中で育って社会性を身につけると、人間の中で暮らした時に、社会性が活かされるという研究結果があります。拾ってきて人間がミルクをあげながら育てた子猫と、兄弟の仲で育った子猫を比べると、人間がミルクをあげた方が暴力的で凶暴であるという内容でした。他者を咬んだ時、どれぐらいの力で咬むとどれぐらい痛いのか、兄弟喧嘩の中でその感覚を身につけた経験の差であると考えられています。

ブリーダーからペットを買う最大の利点は、親や兄弟の間でこの社会性をきちんと身につけることができている点でしょう。さらに、親を見ることで遺伝性の病気の有無や、親の性格や体型から子供の傾向をある程度知ることもできます。

以前、ブリーダー主催のペットミーティングが海辺で開かれて、バーベキューをするというので私も招かれました。総勢二十頭の立派なゴールデンレトリバーが集合した様子は壮観そのもので、バーベキューの間、あんなに食欲旺盛なゴールデンたちが大人しく待っている様子に感動しました、学習させればどんなことでも可能だなあと。もちろん、人間が堪能した後、ゴールデンたちも少しだけお相伴に預かりましたが、黄金に輝く毛並みが勢揃いして飼い主の足下にくつろぐ姿に感銘をうけたものです。

　最近ではこうしたブリーダーが中心となったペットミーティングで情報交換をしたり、ペットと泊まれる旅館へ旅行に行くというイベントが増えていて、動物との楽しい思い出づくりに役立っています。ブリーダーにとっては売った個体はわが子も同然。大切なわが子が大切に育てられている姿を見て安心できるし、飼い主にとってもブリーダーのアドバイスは貴重です。犬や猫を通じた新たなコミュニティの場が作られているなあと感じずにはいられません。

ケージにつめこまれ、身動きすらとれない劣悪なブリーダーの例

　コミュニティといえば、最近ではしつけを教える訓練士を中心とした愛好家グループもできています。

　ただし、ブリーダーでも連絡先が携帯電話だったり、住所不定な場合は気を付けるべきです。一定の土地で信頼を得られず、一定頭数を売ったら逃げてしまうケースが以前頻発しました。そうした点からも、最近流行の通信販売はもってのほか。動物は見て、触って、臭いを嗅いで、元気を確認しなければ買うべきではありません。写真のようにいくらでも嘘のつける画像で動物を選択するのは危険です。

考慮に入れてほしい動物管理センター

最後にペットショップ、ブリーダーともう一つの選択肢として私が考慮してほしいと考えているのが、全国にある動物管理センターに保護されている動物です。

昔は「ホケンジョ」というと、野良犬を汚い小屋に収容してガス処分する場所、という非常にダークなイメージでしたが、関係者による長年の努力の結果、収容所も清潔で、安楽死の方法もできる限り動物に苦痛を与えない方法が模索されてきました（まだ充分ではありませんが）。

さらに、都市部では安楽死処分する頭数は激減しています。例えば私のいる横浜市では平成十年度に安楽死となった犬は六百三十二頭いたのが、平成十四年度には三百四十五頭と激減しています。これも行政の努力の表れでしょう。

日本動物福祉協会横浜支部主催の里親会でも犬は千葉や茨城、栃木など他県からも持ち込まれています。放浪犬も減り、空き地で繁殖した野良犬が収容されるということもなく、このまま減り続ければいいなあと祈るような気持ちで毎年、統計が出るのを待っています。

子犬の時は小さくて可愛らしかったのが、大型犬になり、吠えて手に負えないからとパーキングエリアなどで放置してしまう。現在、大きなパーキングエリア周辺は野良犬・野良猫が増えて周辺住民が困っているそうです。こうした無責任な飼い主には厳罰を与えて厳重処分してほしいと思うのですが、警察も動くのが難しい。たとえ犬を捨てた飼い主が見つかっても「犬の方で逃げたのだ」と言われれば、それで終わりだからです。

心ない飼い主の都合で物のように捨てられてしまった命ある動物を、ぜひまた温かい家庭に迎えてほしい。高いお金を出してペットショップで人気犬種を買うというのもステイタスの一つでしょう。しかし、一頭の哀れな雑種犬を慈しんで飼うことで得られる満足感は何にも代え難く価値あるものです。ぜひ、犬を飼おうと思い立った時、ペットショップやブリーダーに加えて、収容所でむなしく安楽死処分を待つ犬たちのことも思い浮かべてほしいのです。

保護動物については「どんな親か分からない」「病気を持っている可能性がある」など と厳しい見方があるのは充分理解しています。それでも尚、保護動物を引き取ってほしいと願うのはすべてこれら動物の不幸は人間が撒いた種だからです。

動物管理センターでは命を助けるための勉強をしてきた獣医師の資格をもつ人たちが、収容された犬たちの命を奪う作業をしています。同じ獣医師として何とも残酷で悲しい。しかし、現実にそうしなければ収容所は満杯になってしまう。単に「保健所は残酷だ」と非難するだけではなく、具体的に行動して彼らがそんな仕事をしなくても済むように、大勢の人々が協力して欲しい。一頭でも引き取って欲しいのです。

すでに米国ではＳＰＣＡと呼ばれるセンターがあって、そこで収容された野良猫・野良犬を審査の上、里子に出しています。私が見学したカリフォルニアのＳＰＣＡではボランティアの女の子が学校帰りに猫の餌を作っていました。「私は猫が大好きだけれど、お母さんが嫌いなの」と、ここで餌やりのボランティアをしながら、毎日猫と遊んでいるそうです。人間も楽しいし、猫も人間に慣れて、両方がハッピーな仕組みができている。日本でもいつかそうしたい。

もう、保健所に集めてきては処分する、という大量生産大量消費型の大量生産大量処分の時代はこれで終わりにすべきです。そのためには、今、動物を飼いたいと思っているあなたが頼りなのです。

Ⅳ　動物を飼うコスト

犬と猫のコスト計算

飼う人が無理を続ければ、結局、最後に不幸になるのは動物なのですから、私は前もって「ペットにはお金がかかりますよ」と宣言しておきます。それでも飼いたいのですね？と。

犬の最低年間維持費用は

さて、まず最初にペットを飼うために必要なお金ですが、まず犬の場合、①ペットショップ又はブリーダーに支払う購入代金、②保健所へ提出する登録料、③狂犬病注射代金、④ワクチン接種代金、⑤フィラリア接種代金、⑥ノミ・ダニ駆除用品代金、⑦ペットフード代金、⑧その他水やフードの容器や遊ぶためのボールやガムなどの玩具やリードなど。

最低限、これだけのコストが必要です。

このうち、①と②は犬の生涯で一回だけ支払う料金ですが、③、④、⑤、⑥は毎年必要で、⑦は毎日のコストです。いったい幾らぐらいつくのか。

兵藤動物病院の場合、③の狂犬病は注射だけで四千円（横浜市では②の登録料金は三千円、鑑札料三千五百円）、④のワクチンは五種混合ワクチンで八千円、⑤は約五キロ以下一回七百五十円、二十五キロ以上の大型犬で二千百円、⑥はノミ・ダニ駆除用のスポットオンタイプ（首の後ろに垂らすタイプ）が千二百六十円から。これら料金は都市部の動物病院の院長先生に言わせるとごく平均的な価格なのだそうです。

この、ノミ・ダニ対策は室内飼いの犬・猫には絶対に必要な経費であると考えて下さい。集合住宅の二階で飼っている人が駆除を忘れた結果、その下の一階の住人に大被害を与えてしまった例がありました。特に猫を多頭飼育しようと考えたら駆除は絶対に必要です。避妊・去勢の手術もコストの中に含まれます。また、七歳以上になったら定期的な健康診断もやってほしい。病気の早期発見・治療に役立ちます。

ペットフードは動物病院の場合、処方食と呼ばれる特殊な製品のみ取り扱っているので不明ですが、お近くの量販店やペットショップで料金を調べてみて下さい。これこそピンキリです。⑧の皿、玩具、リードなど必要な備品も消耗品なので、一度買って終わりというわけにはいかないでしょう。

なかでも④、⑤、⑥は動物病院に支払う代金です。犬を飼う場合、良心的な動物病院を知っておくのは、コストの面からも大切になってくることが、わかるでしょう。良い動物病院とはどんな病院か、良い病院を見つけるためにはどんな点がポイントかということについては第2章で詳しく紹介するつもりなので省きますが、あなたが犬を飼おうと考えた時には年間トータルでも数万円もの大きな維持コストが必要だということだけは憶えておいて戴きたいのです。

猫のコスト

猫は犬に必要な登録料金や狂犬病予防注射の必要がありません。

まず、犬と同じく①ペットショップ又はブリーダーに払う購入代金、④ワクチン接種代金、⑥ノミ・ダニ駆除用品代金、⑦ペットフード代金、⑧フードや水容器などの用品や玩具、⑨トイレ用品。

④は混合ワクチンと呼ばれるものと、白血病ワクチンがあり、両方で兵藤動物病院の場

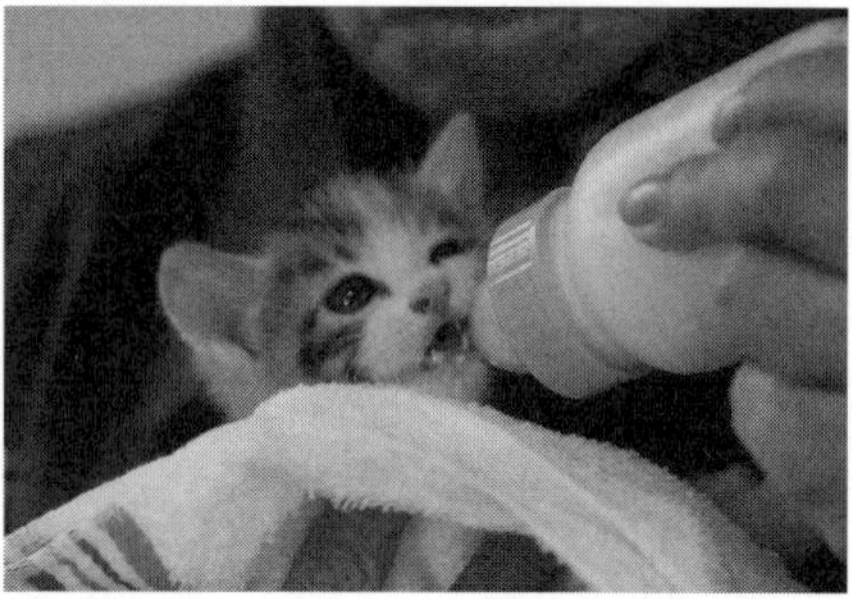

子猫ならミルク代も必要

合八千円。⑥の駆除用品はノミを殺すスポットオンタイプの駆除薬で体重によって違い、千円から千三百円。

室内で温度が一定の場所にいる猫のノミ駆除は一年中するべきと考えた方が良いでしょう。駆除剤は注射タイプで半年間、効果の持続するものや、経口剤、首の後ろに垂らすスポットオンタイプなどそれぞれ与え方や値段も違うので、家の環境や利便性を考えて選択するべきでしょう。これは動物病院で尋ねると親切に教えてくれます。

猫はデリケートな動物で特にトイレには敏感です。トイレをいつも清潔に保たないと、トイレを嫌がり、我慢して病気になってしまいます。猫砂と呼ばれる猫のトイレ製品は人間のトイレに流せるパルプ製品から嫌なニオイを消す作用のある檜チップなどたくさんあるので、いろいろ試してみて、猫に合った製品を選んで下さい。今ではおしっこや便で汚れた部分だけをシャベルですくい取ってきれいな部分を有効活用できるような猫用トイレグッズも販売されていて便利でお薦めです。トイレのことで付け加えますが、猫のトイレの置き場所には静かで落ち着いた場所を選んで下さい。そしていったんトイレの場所を決めたらなるべく移動しないように。トイレの場所が気に入らないと我慢して尿路閉塞になるケースも多いので気を付けて下さい。

また、犬と同様、避妊・去勢手術もお薦めします。最近では子宮蓄膿症、乳ガンなどにかかる猫もふえ、病気の予防のためにも避妊手術は効果があります。雄猫は発情が原因の問題行動でご近所に迷惑をかけたり、また、スプレーと呼ばれる臭い尿をまき散らして家具を傷めることもあります。完全に防止できるとは言えませんが、防止のために去勢手術は効果があります。

V　ペットフードについての考え方

ペットも〝スローフード〟でいいのか？

工業製品についてはＪＩＳなど国が定めた規格がありますが、日本ではペットフードについて国が定める基準はありません。ペットフード製造・販売メーカーによって組織される団体「ペットフード工業会」と「ペットフード公正取引協議会」によって、製品の内容基準や添加物の使用制限や表示についてガイドラインが設けられているだけです。

安心できる食材を選ぶのはペットの健康を維持するために飼い主としてぜひとも必要です。最近は商品パッケージに「自然派素材」という表示が流行しているようですが、実は普通のペットフードと変わらないという製品も中にはあるようです。慎重に選んで下さい。

先日、あるペットのスローフード提唱者と話をしたのですが、自然派素材に徹すると、人間が食べている食品よりもコスト的に高くなってしまうのだそうです。「肉が袋に入ったままいつまでも置いておけるというのは、先生、どう考えても不自然でしょう？」とペットフードの害を主張していましたが、彼の言うとおりに究極のフードばかり与えていれば、多くの家庭の経済が破綻してしまいます。

彼は人間の食べている肉が一番安全だから、人間もペットも同じ肉を食べ、調理のときに人間用には味付けをし、ペットには味を付けないで与えるという方法を主張しています。でも、小型犬ならともかく、大型犬に人間と同じ肉を食べさせたら、毎日の食費代は大変な金額になってしまいます。また、栄養の偏りも心配です。

私はペットフードが一概に悪いとは言いたくありません。実際、わが家の犬や猫はペットフードと水、そしてごくたまに与えるご褒美のペット用おやつだけで、全員が元気で立派に長寿をまっとうしてくれています。約四十年前、開業した当時はあばら骨の浮き出ているようなガリガリに痩せこけた犬や猫がたくさんいました。今では肥満を心配するペットの方が多いぐらいです。これも簡単で便利で栄養価の高いペットフードが普及したおかげです。

一九八〇年代の終わりに、あるキャットフードを与え続けた結果、アミノ酸の一種であるタウリン不足で猫の目に障害が起こる事件が多発しました。これをきっかけに多くのフードメーカーで栄養素の研究が進みました。今では「シェパード用」「ミニチュアダックス用」など、種類ごとに必要な栄養素を含んだペットフードも開発されています。

また、同じペットフードでも買うお店によって品質に差がある場合もあります。特に量販店などで真夏に紫外線の当たる屋外で売られている光景をよく見かけます。こうしたフードは変質している恐れもあるのでさけた方がよいでしょう。新鮮なフードを買うことのできる、回転率の良い流行っているお店が狙い目です。さらに、並行輸入品は格安ですが、赤道経由の船便で混載輸送（他の荷物といっしょに載せること）されるため、品質劣化が激しい例もあるので危険だという話をメーカーの担当者から聞いたことがあります。

成分表示の見方

さて、ここで一つ、フードの成分表示について勉強してみましょう。

袋に「ＡＡＦＣＯ給与試験合格品」あるいは「ＡＡＦＣＯ基準値合格品」と書いてあるものがあります。この二つは似ているようで根本的な違いがあります。「給与試験合格品」はアメリカの団体ＡＡＦＣＯの定めた給与試験方法で試験を請け負った研究所が試験した結果、合格しましたよ、という意味。「基準値合格品」は単にＡＡＦＣＯの定めた最低栄養基準値を満たしているという意味です。いくら米国がフードの面で進んでいるからといって、なんでもかんでもＡＡＦＣＯと付いていれば安心してしまうのも考え物です。

さらに「総合栄養食」や「一般栄養食」とあるフードもありますが、バランスの面から言って、主食は総合栄養食を選ぶべきです。一般栄養食はおやつです。

日本では使用材料の成分を表示する際に、多い順に全体の八割まで表示すればよいことになっています。ペットフード反対者はこの点を不審がって「あとの二割に何が入っているのか分からない。病死した牛や人間の食用に適さない肉が入っているから危険だ」と怒るのですが、先に書いた通り、日本では法律上はすべて表示しなければならない義務はないのです。

ひとつの目安ですが、もしペットにバランスの良い食餌を与えたいと思ったら、この成分表示のバランスを見ます。例えば粗挽き米、米粉、米グルテンなど、米に関した成分ばかり上位に入っていたら、このフードは米が主体の製品だということがわかります。

動物に与えてはいけない食品

人間には美味しく食べることができても、動物には有害な物質があります。その筆頭は「牛乳」「タマネギなどのネギ類」「チョコレート」でしょう。

特に牛乳は「うちの子はミルクが大好き」などと毎日飲んでいてまるで影響のない犬もいますが、人間と違って牛乳に含まれる栄養を分解して吸収できる消化酵素をもっていません。下痢の原因ともなるので、牛乳は与えないこと。

また、犬には絶対にタマネギなどネギ類を与えないでください。アリルプロピールジサルファイドという物質が血液中のヘモグロビンを酸化し、赤血球中にグロビンの不溶性変性産物を作ってしまいます。これにより赤血球が破壊されるため溶血性貧血となってしまうわけです。恐いのはこの物質は熱を加えても毒性が消えません。人間用に調理した食品でも被害があるのです。

先日もすき焼きの残り汁をフードにかけて犬に食べさせていた飼い主が来院しました。すき焼きにはネギがたっぷり入っています。また、タマネギのみじん切りが入ったハンバーグをひとかけら食べただけで重態になってしまった小型犬もいます。慌てて動物病院に駆け込むことのないよう、注意すること。

また、チョコレートにはテオブロミンという成分が含まれています。これが中毒を引き起こします。研究結果では特にてんかん症の犬に発作が多く、体重一kg当たりテオブロミン88mg以上摂取すると死に至ります。ただし、テオブロミンはチョコレートの種類によってはごく微量にしか含まれていない製品もあるようです。といって、あげないにこしたことはありません。チョコレートや人間の食べる甘いお菓子は肥満や糖尿病の原因になります。目が見えなくなったり動けなくなったりするので絶対に与えないで下さい。さらに魚介類、特にイカ・エビ・貝類・タコで消化不良を起こす動物も多いので注意が必要です。

他に、人間が食べて害のあるもの、例えばジャガイモの芽、石鹸やシャンプー、灯油などは動物にも同じように害があるのは言うまでもありません。

さらに見落とされがちなのが部屋に飾ってある観葉植物。ポトスやボストンアイビー、アマリリス、ポインセチア、菊、西洋キョウチクトウ、ジャスミン、デルフィニウム、さくらんぼの種、植物ではありませんがタバコなど死に至らないまでも大量に食べると有害です。

こうしてあげていくと、ずいぶん動物を飼うのは面倒だなあ、こんなに身近に危険物質があって、大丈夫だろうかと心配されてしまうかもしれません。でも、神経質になる必要はありません。観葉のポトスを鉢一つ分ぺろりと平らげてしまう犬など四十年間、出会ったことはありませんから。

Ⅵ　獣医師が薦める、あるとよい製品

ケージ、キャリーケース

先日、診察を受けに来た飼い主さんが、病院の駐車場で猫が逃げてしまったと駆け込ん

できました。病院スタッフ全員で捕獲作業です。寒い中、外へ飛び出してくれた若いスタッフには感謝しますが、どうして動物をケージやキャリーケースに入れてこなかったのでしょうか。残念です。

病院へつれて来る時にはどんなに慣れた動物でも必ずケージやカゴに入れて下さい。待合室で隣にいた犬に咬まれるなど、思わぬ事故から身を守るためにも、ぜひ、ケージやキャリーケースを一つ備えておくこと。これは病院スタッフからのお願いでもあります。阪神・淡路大震災や新潟大地震でもケージは役に立ちました。生理的に動物が嫌いな人もいますから、ペットが安心して入っていられるケージやキャリーケースの購入をお薦めします。

迷子札

土日は保健所が休みなので、迷子になっていたペットを病院で一時預かることがあります。首輪に鑑札が付いていたり、迷子札がついていれば、家族に連絡できます。また、首輪に電話番号だけでも記しておけば安心です。うちの子に限って絶対に迷子にならないと豪語する飼い主さんもいますが、動物に絶対はありえません。マイクロチップが普及すれば迷子の問題はすぐに解決できますが、読みとり機の問題など、日本ではまだまだ普及に時間がかかりそう。ぜひ、動物には迷子札もしくは電話番号を明記できる首輪を購入して下さい。

記録帳

ペットのための簡単な記録帳があると便利です。産まれた年月、予防注射した日付、ノミ・ダニ駆除薬を使ったらその日付など、簡単なメモ程度でも記しておけばその後の健康管理に役立ちます。記録帳といっても、ごく普通のメモ帳で充分です。簡単な書き込みのできる手帖があれば、動物病院で診察をうけるときも便利です。

ペット用品の市場は年々拡大しており、最近ではペットのための家のリフォームも人気なのだとか。家を建て替えてまでもペットと快適に暮らそうと考えてくれる飼い主が増えたのは喜ばしい限りです。それだけペットが家族の一員として認められてきた。寂しげに玄関に鎖で繋がれていた犬がいた頃からは隔世の感があります。

しかし、モノがあってもなくても、動物は文句を言うわけではありません。問題は飼い主からの愛情の多寡。モノが多少古くても悪くても、必要なものが揃っていればよいのです。愛情ある態度で接してもらうことがペットにとって一番の幸せであることを最後に付け加えておきます。

家の構造の問題は？

また、動物と暮らすということは、想像もできないあらゆる事件や出来事に遭遇することです。「こんなことはありえない」とか、「まさか」と思う事故は案外多いもの。特に最近の住宅事情では家の玄関と道路が密接していて交通事故は毎年増え続けています。

当病院でも、家に帰った子供が玄関を開けた途端に猫が玄関から道路へ飛び出し、そのまま交通事故で亡くなってしまったことがありました。人間が事故の直接的な原因をつくってしまっただけに、家族は非常なショックを受けていました。「家から一歩も外へ出たことのない子なのに、なぜ、飛び出したのかまったく分からない」と飼い主も驚いていましたが、予想もできない事件が起きてからでは遅いのです。死亡事故を防ぐためにも、門扉には鍵をかけ、玄関から急に外に飛び出さないように気を付けて下さい。事故後、「まさか」「ありえない」と嘆いても、命は取り返しがつかないのです。

Ⅷ　情報の洪水から身を守るには

人気種はやめよう

約四十年前、私が獣医師として初めて独立した時は、犬や猫を飼っている家がほとんどなくて、開業しても飼い主さんが一人も来ない日々が続きました。これでは生活ができないと私立学校の先生に頼んで臨時講師として雇ってもらい、ようやく生活の基盤をつくることができたものです。高校の理科を受け持ちましたが、学校側が自由にやらせてくれたおかげで授業も楽しく、たった三年間担当していただけなのに、獣医師になった教え子が三人も出て私の病院に実習に来てくれました。

今、私はPTAの役員をしていた学校の動物飼育の監督をしていますが、まだ精神の敏感で柔軟な子供たちに生命の大切さを教えるというのはその後の彼らの人生に大きな影響を与えるという手応えを感じています。一方で、飼育動物に無関心だったり動物を嫌う先生がいると、動物との間に距離感が生じてしまい、動物を飼う楽しみが失われてしまう。

何とか学校で命の教育をしていきたいのですが、受験戦争でそんな悠長なことも言っていられないようで残念です。

当時から現在まで、日本人にはペットの人気種をつくってきた歴史があります。名犬ラッシーが流行るとコリー、一〇一匹わんちゃんのダルメシアン、動物のお医者さんでハスキー犬、そしてテレビCMで人気となったチワワ犬。プードル。猫の場合、人気が急に動くことはありませんが、シャム猫、ペルシア、アメリカンショートヘアが人気です。何かである種にスポットが当たると急激にその種が増え、しばらくしてパタッと減る。こうした動きは他のどの国にもなく、非常におかしな現象だと見られています。

戦後、高度経済成長に伴うペットブームで、日本人はペットを求めて世界各国から犬種を集めました。イギリスでそうした日本の劣悪なペット事情が紹介されて国際問題にもなりました。古い考え方のイギリス人ブリーダーは今でも「日本人は野蛮だから売らない」。その偏見は根強く、日本猫はジャパニーズボブテイルといってもともと尾が短いのに、「日本人は猫の尾を切るらしいね」と真面目に聞いてくる。もう恥ずかしいやら腹立たしいやらで、何とか誤解を払拭したいのですが、「そんなことを言ったって、今でもお前たちは三十万頭も保健所で始末しているじゃないか」と反撃されると事実だけにどうしようもありません。こんな風に日本が世界の中で誤解されてしまうのは悲しい現実です。

話は逸れましたが、人気犬種にパッと飛びつく習性は今でも根強く残っています。私が分析するに、人気種はペットショップで高値がつく。高い犬や猫を買えるというステータスを求めて飼うのではないか。そんな見栄や欲望で犬や猫を選んでいるのではないかと密かに感じることがあります。

この世に一頭だけのミックス犬

もちろん、ＣＭで可愛らしさに目覚め、どうしても欲しいと純粋な気持ちから飼いたくなる、という人がほとんどでしょうが、そんな風にテレビや流行に左右されるのはもうやめにしませんか。

トイプードル隆盛の時代に、あえてハスキー犬を飼いたいと思う人の方がその種に対する愛情は真実で純粋だと私は思いますし、人気種でなくなったハスキー犬は今、非常に良好な個体が繁殖されています（もちろん、プードルの飼い主を否定しているわけではありません。単に例えとしてあげたまでです）。

人気となるとどうしても無理に交配させ、遺伝的に問題のある犬種でも繁殖させてしまうため、問題が噴出します。レトリバー種の股関節形成不全やチワワの水頭症など、その種ならではの病気です（74〜75頁、図表3　犬種と疾病、ペットライフ社刊「フォーグル先生の犬と楽しく暮らす本」より）。産まれてくる子に何の罪もありませんが、無理に産ませようとする人間の金儲け主義は問題です。

私はこの本で人気種の時代はもう終わりにしましょうと訴えたいのです。いままで、獣医がそんなことを言うと、大反対されたものです。「人気種に飛びついたってよいじゃないか、個人の勝手だろう」「飼い主の裾野を広げるためにも人気種の存在は必要だ」。私も内心、「飼ったことのない人が何を飼うかと考えたときに、人気種に飛びつくのはある程度仕方がないことかもしれない」と思うこともあります。「反対の意見のある人もいるだろうなあ」と。特に、私のような立場でこんなことを主張するのは迷惑と感じる人もいるでしょう。

反対してくる同業者もいるかもしれない。「人気種を否定したら、飼い主が減るじゃないか」と。獣医師は飼い主がいてはじめて成り立つ商売ですから、人気種に飛びついて市場が拡大するのは喜ばしい事態ではあります。でも、そんな風に市場を拡大して、不幸な種を増やし、遺伝的疾患のある動物で獣医師が儲けるのはどこか間違っている。

もう、これまでのような大量生産・大量消費の時代は終わった。本当に命を慈しんで育てていく時代に変わった。ペットにとっても言葉は悪いが少量生産・少量消費、質を問題とする社会に変わっていっている。だからこそ、人気だからと飛びつくのではなく、もっと個体の性質を調べて、もし、どうしても欲しいのならば二年でも三年でも待って手に入れるぐらいの悠長な気持ちで構えるべきです。動物には繁殖時期があって、産まれる数が限られているのです。真冬に産まれたての子犬が欲しいと願っても無理。それに、優秀なブリーダーになると予約がいっぱいで二年待ちなんてざらです。動物はモノではありません。飼い主の側の意識改革も求めたい部分です。

76～77頁に環境省が発表したペット動物販売業者用説明マニュアルから「犬種別特性一覧表」(図表4) を掲載しました。私自身、医療の現場で訓練性能の高いビーグル犬を知っていますし、攻撃的性格の低いチワワに出会ったこともあるので、この一覧はあくまでも参考です。

眼									耳	呼吸器		ホルモン		生殖器泌尿器			脳神経		循環器血液	
進行性網膜萎縮症	白内障	緑内障	眼瞼内反症	眼瞼外反症	乾燥性眼疾患	網膜異形成	睫毛重生	パンヌス	外耳炎	気管虚脱	軟口蓋下垂	甲状腺機能不全	クッシング症候群	腎疾患	膀胱結石	潜在睾丸	痙攣	水頭症	心疾患	自己免疫性溶血性貧血
			●	●									●	●						
●	●						●					●					●			
●												●		●			●			
							●			●										
●	●		●			●						●					●			
●										●						●			●	
	●										●							●	●	
		●								●							●	●		
●	●	●				●						●	●	●						
●	●											●								
					●														●	
●			●				●						●				●			
			●					●			●						●			
	●										●								●	
	●	●	●						●											●
	●											●			●					

出典：「フォーグル先生の犬と楽しく暮らす本」（ペットライフ社）

図表3　犬種と疾病

疾病名／犬種	骨と関節					皮膚					
	レッグ・ペルテス病	股関節異形成	膝蓋骨脱臼	椎間板ヘルニア	肘関節異形成	ホルモン性皮膚炎	アトピー性皮膚炎	ビタミン欠乏性皮膚炎	脂漏症	マラセチア症	ニキビダニ症
シー・ズー											
ゴールデン・レトリーバー											
ダックスフンド				●	●						
ヨークシャー・テリア	●		●								
ラブラドール・レトリーバー		●							●		
ポメラニアン			●			●					
マルチーズ			●								
チワワ			●								
ビーグル				●							
シェットランド・シープドッグ		●									
ウエスト・ハイランド・ホワイト・テリア		●					●			●	
ミニチュア・プードル	●		●	●							
パグ		●									●
キャバリア・キング・チャールズ・スパニエル			●								
アメリカン・コッカー・スパニエル			●					●	●		
ミニチュア・シュナウザー	●										
柴犬			●				●				

No	犬種名	大きさ(成犬) 体重(kg)	体高(cm)	被毛	適性・性格 興奮性騒がしさ	攻撃的性格	運動要求量が多い	訓練性
39	ボーダー・コリー	14〜23	45〜56	長	高	中	○	高
40	アイリッシュ・セター	15〜32	52〜69	長	高	中	○	中
41	シャー・ペイ	16〜25	41〜51	短	中	高	○	低
42	シベリアン・ハスキー	16〜28	51〜60	短	中	高	○	低
43	バセット・ハウンド	18〜30	28〜38	短	低	低	○	低
44	エアデール・テリア	18〜27	55〜65	ワ	高	高	○	中
45	チャウ・チャウ	18〜32	46〜60	長	低	高		低
46	ブルドッグ	22〜25	30〜36	短	低	低	○	低
47	イングリッシュ・スプリンガー・スパニエル	20〜24	48〜51	長	高	中	○	高
48	ビアデッド・コリー	20〜30	50〜57	長	低	低	○	高
49	コリー	20〜34	51〜66	短長	低	低	○	高
50	ダルメシアン	20〜30	48〜61	短	中	高	○	中
51	アフガン・ハウンド	23〜35	61〜75	長	低	中	○	低
52	ドーベルマン	23〜40	61〜71	短	中	高	○	高
53	サモエド	23〜30	46〜60	長	低	高	○	低
54	ブル・テリア	20〜30	50〜56	短	高	高	○	低
55	ボクサー	25〜36	53〜64	短	高	中	○	中
56	フラットコーテッド・レトリバー	25〜36	56〜61	長	低	低	○	高
57	ラブラドール・レトリバー	25〜35	52〜65	短	低	低	○	高
58	ゴールデン・レトリバー	25〜36	51〜61	長	低	低	○	高
59	ジャーマン・シェパード・ドッグ	26〜42	51〜70	短	低	高	○	高
60	ワイマラナー	23〜30	56〜70	短	中	中	○	中
61	秋田犬	31〜50	57〜71	短	中	高	○	中
62	オールド・イングリッシュ・シープドッグ	30〜41	53〜65	長	低	低	○	低
63	ボルゾイ	34〜48	66〜85	長	低	中	○	中
64	アラスカン・マラミュート	34〜57	58〜71	短	低	高	○	低
65	バーニーズ・マウンテン・ドッグ	35〜50	58〜74	長	中	低	○	中
66	ロットワイラー	41〜50	58〜69	短	低	高	○	中
67	グレート・ピレニーズ	41〜57	61〜82	長	低	高	○	中
68	グレート・デーン	45〜77	70〜90	短	低	高	○	中
69	ニューファンドランド	50〜68	66〜71	長	低	低	○	高
70	セント・バーナード	50〜90	63〜85	短長	低	高		低

参考文献：「SELECTING A SUITABLE DOG FOR AN OWNER」
VSAVA (1995) 茂木利夫

体高とは：犬が立った状態で、首の付け根の肩甲骨上端から地面までの高さを言う

体長とは：肩端または胸骨端から後軀の坐骨端までの長さを言う

短：ショートヘアー
長：ロングヘアー
ワ：ワイアーヘアー

図表4　犬種別特性一覧表

No	犬種名	大きさ(成犬) 体重(kg)	体高(cm)	被毛	適性・性格 興奮性 騒がしさ	攻撃的性格	運動要求量が多い	訓練性
1	チワワ	1〜3	16〜23	短長	高	高		中
2	ポメラニアン	2〜5	13〜30	長	高	中		低
3	ヨークシャー・テリア	2〜4	18〜23	長	高	中		低
4	パピオン	2〜5	20〜30	長	高	中		中
5	マルチーズ	2〜4	20〜30	長	高	中		低
6	狆（チン）	2〜4	17〜30	長	中	中		低
7	ミニチュア・ピンシャー	2〜5	25〜32	短	高	中		中
8	イタリアン・グレーハウンド	3〜5	32〜38	短	中	中	○	中
9	ブリュッセル・グリフォン	3〜6	21〜28	ワ	高	中		中
10	トイ・プードル	3〜7	25〜28	長	高	中		高
11	ミニチュア・ダックスフンド	3〜5	12〜23	短長ワ	高	高		中
12	日本テリア	3〜5	25〜35	短	高	中		中
13	ビション・フリーゼ	3〜5	23〜31	長	高	中		中
14	ペキニーズ	3〜7	15〜25	長	中	中		低
15	シー・ズー	4〜9	20〜28	長	中	中		中
16	ラサ・アプソ	5〜7	25〜28	長	中	中		中
17	パグ	6〜9	25〜35	短	中	中		低
18	日本スピッツ	5〜8	25〜38	長	高	中		中
19	ミニチュア・シュナウザー	6〜8	30〜36	ワ	高	高	○	中
20	ウィペット	5〜13	43〜55	短	中	高	○	高
21	ケアーン・テリア	6〜8	20〜30	ワ	高	高		中
22	ウエスト・ハイランド・ホワイト・テリア	5〜9	20〜30	ワ	高	高		中
23	ジャック・ラッセル・テリア	6〜9	22〜38	短　ワ	中	中	○	中
24	ボストン・テリア	5〜12	35〜45	短	高	中		低
25	キャバリア・キング・チャールズ・スパニエル	5〜10	30〜40	長	中	低		高
26	フォックス・テリア	6〜10	35〜40	短　ワ	高	高	○	中
27	柴犬	6〜10	35〜42	短	高	高	○	中
28	シェットランド・シープドッグ	6〜13	33〜41	長	高	中	○	高
29	ビーグル	7〜14	30〜43	短	高	中	○	低
30	アメリカン・コッカー・スパニエル	7〜13	33〜40	長	高	中	○	低
31	スコティッシュ・テリア	8〜11	20〜30	ワ	高	高		中
32	バセンジー	9〜11	40〜43	短	中	中	○	中
33	ミニチュア・ブル・テリア	9〜15	25〜35	短	高	高		低
34	ウェルシュ・コーギー	8〜12	23〜35	短	高	中		高
35	フレンチ・ブルドッグ	8〜17	25〜40	短	高	高		中
36	甲斐犬	11〜23	39〜51	短	高	高	○	中
37	イングリッシュ・コッカー・スパニエル	12〜15	36〜41	長	高	中	○	低
38	サルーキ	13〜30	58〜71	短	低	中	○	低

第2章　病院の秘密、教えます——動物病院徹底活用術

I 「医は算術」のウソ、ホント

儲からない獣医師は名医?

先日、マスコミの記者が言っていましたが、テレビや新聞で、ネタに困ると医者や獣医師の非道ぶりを書くと売れ行きが良いのだとか。特に動物病院について悪く書くと読者が喜んで買ってくれるので、週刊誌などでは定期的にそうした特集を掲載するのだそうです。私も同業として「これは?」と思うケースもありますが、同業者に対する批評はむずかしいものです。親しい人や自分の教え子ならば多少は注意もできますが、内部粛正が難しい。頼れるのは飼い主の正しい判断です。

実際に獣医業で利益を出すのは大変です。人間の医者でもそうだと思いますが、莫大な売り上げを誇る病院というのは実はそんなに多くない。なのに、脱税の一位がパチンコ業界で、十位以内に獣医師が入っているらしいと会計士から聞いて驚きました。

八百屋で品物と値段を見ないで野菜を買う主婦なんてどこにもいません。ダイコンをちょっとひっくり返して傷がないか見る。いつもよりも高かったらやめて他の野菜にしたり、高くても新鮮で美味しそうだったら買う。そんな選択をきちんとして購入を決めるでしょう。

動物病院は患者である動物が口を利けないという大きな特徴がありますが、主婦がダイコンを買うのと同じ感覚が通用しないというところに、利益追求型の獣医師を蔓延《はびこ》らせる原因があると私は思います。

まず値段ですが、ダイコンならば相場がある。しかし、診察料金には相場がない。また、どんな処置をしてどれくらいか、という値段が明らかでないのも問題です。ここに一九九九年に日本獣医師会が発表した診察料金一覧表を掲載しておきますので、一般的な治療費にどれくらいお金が掛かるのか、参考にして下さい（82頁、図表5　一九九九年（社）日本獣医師会発行・診察料金全国一覧から計算、一部抜粋）。

現状では、診察力のある優秀な獣医師でも利益を上げられない仕組みになっているのが問題です。

図表5　診療料金のめやす

内容	平均(円)	最高(円)	最低(円)
初診料	1, 191	4, 000～4, 499	0
通常往診料、同一市町村内の通常往診(1回)の平均額	1, 896	5, 000～	0～499
診断書、文書1通（1回）の交付料	2, 376	5, 000～	0～499
小型犬1頭の1日の入院料(看護料、フード料などを含む)	2, 706	10, 000～	0～999
中型犬1頭の1日の入院料（同）	3, 167	10, 000～	0～999
大型犬1頭の1日の入院料（同）	3, 906	10, 000～	0～999
特大型犬1頭の1日の入院料（同）	4, 444	10, 000～	0～999
猫1頭の1日の入院料（同）	2, 576	10, 000～	0～999
狂犬病予防注射済証明書（注射料などは除く）	916	5, 000～	0～499
皮内・皮下注射料（技術料で薬剤料は除く）	1, 249	4, 000～4, 499	0～499
筋肉注射料（同）	1, 286	4, 000～4, 499	0～499
静脈注射料（同）	1, 792	5, 000～	0～499
動脈注射料（同）	3, 530	10, 000～	0～999
伝染病予防注射料1種ワクチン(注射済証明書料は除く)	3, 917	30, 000～	0～999
伝染病予防注射料2種以上の混合ワクチン(同)	8, 185	30, 000～	0～999
分娩・助産、胎子1頭に対する処置の平均額	3, 737	20, 000～	0～999
洗眼、原則として1眼処置に対する平均額	660	5, 000～	0～499
外耳処置、難易度により異なるが、原則として片側処置に対する平均額	1, 116	5, 000～	0～499
歯石除去、難易度により異なるが、1回の処置に対する平均額	5, 486	10, 000～	0～499
安楽死処置（薬剤料は除く）	11, 228	30, 000～	0～999
局所麻酔（同）	1, 770	5, 000～	0～499
全身麻酔・注射麻酔、導入麻酔を含む（同）	6, 422	30, 000～	0～999
全身麻酔・吸入麻酔、60分あたり（同）	9, 374	30, 000～	0～999
帝王切開手術(難易度により異なるが、1回の手術に対する平均額)	35, 079	50, 000～	0～4, 999
骨折手術（同）	39, 290	100, 000～	0～4, 999
腫瘍摘出手術（同）	27, 866	100, 000～	0～4, 999
不妊手術犬・雄(難易度により異なるが、1回の手術に対する平均額とし、薬剤料、麻酔料、入院料などは除く)	15, 379	50, 000～	0～4, 999
不妊手術犬・雌（同）	24, 176	50, 000～	0～4, 999
不妊手術猫・雄（同）	11, 541	50, 000～	0～4, 999
不妊手術猫・雌（同）	18, 496	50, 000～	0～4, 999
放射線照射、通常1回の処置に対する平均額	4, 207	10, 000～	0～999
エックス線写真撮影、1曝射についての平均額で、診断・読影料は除く(フィルム料は、使用するフィルムの標準価格を別途徴収する。なお、造影剤を使用する場合の薬剤料および造影剤投与料は除く)	2, 682	5, 000～	0～499
エックス線写真診断・読影（同）	1, 241	5, 000～	0～499

日本獣医師会が1999年に実施した「小動物診療料金の実態調査結果」から
出典：「Yomiuri Weekly」2003年12月7日号

例えば下痢をしたと連れて来たとき、動物の様子や飼い主との問診から一晩、絶食させて温かくして眠らせておけば治ると判断できる獣医師は実は腕が良い。「様子を見ても大丈夫ですよ」という診断を下してすぐに帰らせ、翌朝、本当に治ったらその獣医師は動物にも飼い主にも正しい判断を下した名医ということになる。

しかし、今のマネジメントシステムは、そうした名医をやっていたら診察料が得られない。診察して、処置して、薬を出して、それが料金となって加算されるからです。（人間の）医者の場合は診断を重視しており、例えば夜中に具合が悪くなって病院に電話をして処置を聞いた場合、次回診断の際に電話での診察料金も請求できる仕組みになっています。

私はもっと診断を重視した料金体系にしていくべきだと考えていますが、今のところ、診断だけでは病院経営が成り立たない。「様子を見て大丈夫」と飼い主を手ぶらで帰してしまう名医は存在できないのです。

獣医師として技量があるかどうか、また、良い獣医師かどうかの判断は難しいところですが、こと料金に関しては主婦がダイコンを吟味して買う様に、飼い主がきちんとした判断力を身につけ、必要以上に請求されないような情報武装をすること、それが健全な獣医療を発展させる最短の道です。

獣医師の横暴を許さないで

獣医師がモラルに基づいた診療をし、さらに飼い主がきちんとした知識をもてば、トラブルは防げるはずです。では飼い主はどうしたらよいか。

例えばこんな飼い主がいました。いきなり動物病院に来て、「おたくははじめてなんですけど、すいませんが処方食のSD下さい」と。

SDというのは酸性尿を産生させてストルバイト尿石及び結晶を溶解させる処方食で、最初の二、三ヶ月間給与した後、別の処方食であるCDもしくはWDに切り換えなければなりません。モニターせずに半年以上も与えてはならないのに、聞けば、飼い主は単に処方されるがまま、買い続けていたのです。

SDの特性を飼い主に説明しなかった獣医師に問題があるとは思いますが、飼い主自身も注意書きすら読まずに買い続けている姿勢はおかしい。

ずっとこれを食べさせておくべきなんですか？　と、ひと言聞けばよいのに、聞かない。あるいは動物病院で買わされた薬や処方食について「これはどんな成分の薬ですか？　どういう効果があるんですか？」と質問せず、獣医師に任せっぱなしという態度こそが利益優先型の獣医師繁殖の温床になっている。まずは聞いてみる、しつこいぐらい聞いてみて良いのです。そこで説明を渋るようだったら別の動物病院へ尋ねてみるべきです。

本音とセカンドオピニオン

命ある大切なペットなのに、なぜ、不安や疑問を抱えたまま、獣医師のなすがままになってしまうのでしょうか。獣医師だって人間ですし、それぞれ得意分野もあれば間違いも犯す。ひとつの動物病院に操を捧げるのではなく、不審に感じたら次の病院を探すといった、セカンドオピニオンも大切です。

セカンドオピニオンで同じ診断が出たら、最初の動物病院が正しかったことになる。そうしたら元の動物病院に戻っても、獣医師が不快に思うことはありません。

病院を変わったら先生が不機嫌になったという話も聞きますが、不機嫌になるのは自分の診断が間違っていることを証明されるからで、本当に自信があったら別の獣医師を紹介するぐらい平気です。兵藤動物病院では飼い主の希望により大学病院を紹介していますが、大学で検査結果をもらうとその後の処置や薬の処方は私どもの病院に来ており、大学での診断を獣医師に話したりして関係は良好です。紹介した獣医師も勉強になるし、飼い主は正しい診察に満足できる。言い方は悪いが、こうした「病院の使い分け」も動物にとっては有効でしょう。

しかし、経過を見なければならない糖尿病とか腎臓疾患など、定期的に管理していかなければならないのに、ちょっと良くなったと判断して病院に来なくなる飼い主も多くて困っています。様子が良いからと安心して放置しておいて、またひどくなる。ひどくなってあわてて動物病院に行き、また小康状態を取り戻し、さらに悪くなる……こういう循環を経て、最後は悲しい結末に終わってしまうことも多い。動物病院を選択したら、獣医師との信頼関係を築きながら幸せなペットライフを送ってほしいと思います。

日常業務は多忙ナリ

ではいったい獣医師は毎日どんな仕事をしているのか、兵藤動物病院の例を紹介してみましょう。

動物病院は繁忙期とそうでない期間に明らかに分かれています。狂犬病の登録や出産時期を迎える三〜七月は非常に混む。八〜十一月は通常通り。十二〜二月は閑散期という具合でしょうか。

繁忙期を迎えるとゆっくりと昼食を食べることもできません。いつみても待合い室には飼い主がいて、待たせないように血液検査をしながら、あるいは顕微鏡を見ながらコンビニのおにぎりを齧る、という毎日です。

兵藤動物病院は年中無休で診察は朝九時から夜七時まで。それ以降は救急外来となり、交通事故や真夜中の急患に備えています。手術は午後に行われることが多く、午前中は特に忙しい。夜勤の先生から入院患者の引継ぎをして、朝一番の投与や処置。その間に受付に来た飼い主さんの対応をして、さらに、午後からのオペの準備を看護士（AHT）といっしょにやる。そこに緊急の交通事故が発生すると、オペの計画はすべてやりなおし。

看護士さんと仲良く！

その間、電話にも出なければならないし、検査に出した結果が宅急便で届いたら、すぐに飼い主さんに連絡。製薬会社や問屋も来るので、在庫が足りないモノはその準備もある。勉強会の資料も提出しなければならないし、保健所に狂犬病の登録申請書類を持っていったり、お見舞いや面会に来た飼い主さんに入院中の処置についてお話しする。閑散期を除くと、ともかく、忙しい、の一言につきます。自分の時間なんてほとんどありません。

言い訳めいてしまいますが、そんな毎日を過ごしていると、獣医師がちょっとぶっきらぼうだったり、「ナニナニですよ」って言うべきところが「ナニナニ」と言い方がきついと感じられるのも少しご理解いただけるんじゃないかと。獣医師が悪いのではなくて、仕組みとしてそうなってしまうのです。

人間の病院でも同じようで、私が行った病院ではもう山のように高齢の患者ばかりでした。医者はまるでお爺さんに話すように私に話しかける。私も還暦は過ぎましたが、今のところ耳は遠くない。「何々なんですヨオ」「分かりましたかっ」と耳元で怒鳴られてまるで老人扱いで悲しかった。医者も忙しくて高齢者仕様モードから切り替え調節できなかったようですが、私たちも注意しなければならないと患者になってつくづく感じた次第です。

獣医師と良い関係を

もし、飼い主さんが詳しくインフォームドコンセントを求めるのだったら、先生に電話して都合の良い時間を確認するのも一つの方法です。詳しく診察してもらいたいというのは誰もが思うところで、でも、それができる時間とできない時間があるのだということを皆さんに知っていただきたくて、獣医師の実態を縷々述べました。

講演などで「良い獣医さんというのは、どんな人ですか？」と聞かれることがあります。「良い」か「悪い」かの判断はとても難しく、その人にとって良い獣医でも、別の人には悪い獣医と見られる場合が多いのです。飼い主の気持ち次第である、という例を見てみましょう。

年に一度のワクチン接種のために来院したついでに、ハゲている部分を診てもらってそれが皮膚病なのかどうか、確認したいと思ったとする。

A先生はちょっと調べて「しばらく様子を見ましょう」という。一方、異常のある部分の毛をきちんと検査して、必ず薬を出す、というB先生。あなたはA、B、どちらの先生が良いと思うでしょうか？

飼い主の側からすると、獣医師から「様子を見ましょう」と帰されたのならば、お金もかからないし、動物も楽だし、何の文句もないはずです。しかし、心の奥では「ホントに検査をしなくても大丈夫？　このままハゲが広がらないかしら？」、そう動揺することもあるでしょう。こういう人にはA先生よりB先生の方が「良い」先生だということになります。

権威ある先生から「大丈夫」と言われて納得できればよいのですが、そのためには飼い主とその先生との間にきちんとした信頼関係がなければいけません。「先生がそう言うのならば様子を見てみよう」と思えるかどうか、そこが大切なところなのです。

つまり、動物のためになる診察は、獣医師と飼い主との信頼関係が無いと難しいのです。信頼関係をどうやってむすぶか。獣医さん側から飼い主さんに手を差し延べることは、現状から見て、少ない。私たち獣医師があまり飼い主に介入して「患者さんは今日はどうでしたか？」「昨日は食欲はありましたか？」などと様子をしつこく聞いたり、病院に来てもらうのは、飼い主の迷惑になるのではないかと考えるからです。

もちろん、兵藤動物病院でも重態の動物の飼い主に獣医師から電話をすることはたくさんありますし、経過を電話で聞くというのもごくふつうにあることです。でも、それは飼い主がそうして欲しい、もしくはそうしても迷惑でない飼い主だと分かっているからできるのであって、最初から私たちの方で「どうでしたか？」、診察してから容態は変わりましたか？」としつこく聞くのは診察を押し売りしているように感じるのですが、読者のみなさんはいかがでしょうか。

逆に、飼い主から獣医師に積極的にアタックしてくれれば、安心です。治療に専念できるからです。そのためにはまず、飼い主は担当の獣医師の名前を憶えてほしい。兵藤動物病院では獣医師には必ず名札を携帯させています。「兵藤動物病院の先生」、ではなく、「兵藤動物病院の兵藤哲夫先生」という名前を確認してメモして下さい。

獣医師が忙しくてゆっくり相談してもらえないと感じた時はAHTと仲良くなるのも一つの方法です。ベテラン看護士になると新人の獣医師よりも知識と経験を備えた立派な人がたくさんいます。名前を知って、まずはコミュニケーションできる関係を築くことです。

II　獣医師から見た「良い飼い主」「悪い飼い主」

では、具体的にどうすれば良い診察を受けることができるか、獣医の側から見た条件を項目別に①～③まで挙げてみます。

①しつけができているか

診察台の上でも柔順で大人しく聴診器を使わせてくれる動物の方がやりやすい。たいていの動物は病院が大嫌い。あたりまえで、診察が必要だと理解している人間だって歯医者に行くにはかなりの勇気が必要です。人間でさえそうなんですから、行けば必ず痛くさせられる病院を憎く感じても仕方がありません。

だからといって、病院で手がつけられないほど暴れ回っては治療も診断も何もできません。少なくとも、診察台の上で、ちょっとだけじっとしてもらえたら、先生も楽に診察できます。咬みつかないでじっとしてもらえる、その最低限のしつけを家庭でお願いしたい。といって、不幸にも先生や看護士を咬んでも、獣医師はそんなに気にしない。私もかなりやられましたが、動物が嫌がっているのがわかるので、憎く思ったり、悔しくてその後の治療が荒くなることは絶対にありません。

攻撃的な子の場合は前もって言って下さい。郵便屋さんを咬んじゃったんです、男の人が苦手です、などと具体的に言って下さればそのように対応します。

経験を積むと、「これは咬んでくるな」という予想が当たる。だから被害も少なくなってきます。とはいうものの、最近は、攻撃シグナルがなくいきなり攻撃してくる動物が増えて驚くことがあります。かつては攻撃前にはきちんと威嚇して「気にくわないよ」という態度を明らかにした上で、手順を踏んで攻撃してきたのが、今のペットはいきなり襲う。少年犯罪のようなキレる動物が増えたなと感じることがあります、余談ですが。

②わかりやすい経過説明を

メモされていると、時系列的にどうなってきたかがわかります。それだけで診断できる場合もあるし、どれだけペットを大切にしているかがわかるので、ぜひ、経過説明は詳しくして下さい。動物は口がきけません。その動物に代わって飼い主はどんなことでも隠さず話して欲しいのです。

説明にもコツがある。「先生、この子、具合が悪いのです」とだけ言って診察台の前に立っている方がいて困ります。具合が悪いといっても、どう具合が悪いのか、内容がさっぱりわからない。そういう飼い主には、中年で立派な会社員が多い。家でもそうしてるんでしょうか。「ごはん」と言えばごはんが出てくる家なのでしょうか。うちなんてごはんなんて言ったら、「じゃ、お父さんラーメンつくって」と逆襲される。「具合が悪い」ではわかりません。具体的にどう具合が悪いのかを説明して欲しいのです。

たくさん説明して欲しいのですが、話があちこちに飛んでしまい、肝心なことがわからない、という飼い主もいます。ポイントは、いつからそうなったのか。散歩の時、どうだった、昨日の夜どうだった。もう少し広げて最近どんな変わったことがあったのか。そして、動物はどんな状態か、という点です。

下水の害虫駆除で清掃員が消毒薬を撒いていったというのも重要なポイント。散歩途中でいつも会っていた友だち犬が伝染病で死んだ、という情報も治療の方針が立てやすくなります。

自宅の改装をしたら具合が悪くなったという犬もいました。人間で言うシックハウス症候群で、まっさきに犬がやられた。その後、子供全員がアトピーになって、家を再改築したそうです。

口がきけない動物の代わりに教えて下さい。どんな些細なことでも役に立つことがあるからです。

獣医師は探偵みたいだと思うことがあります。真犯人を追うために少しの証拠を見つけながら原因、犯人を追及する探偵に似ている。

図表6　カルテの見本

名前	フリガナ [redacted]	種	FM	色	茶トラ	備考	
住所	[redacted]	性	♀	歳	7/81		
TEL	[redacted]	名	ミミ	体重			担当医 石坂大典

月日	稟告・現症・検査	処置・処方	会計	担当
04.1.26	opeのため入院	血管確保		
	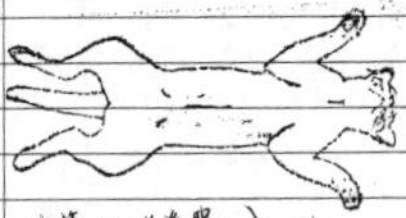	ソルデム3A { 10ml/hr		
		15ml/hr（術中）		
		AB-PC 0.3ml (12:00) i.v.		
		ドロペリドール 0.3ml i.v		
		ケタミン 0.9ml（追注含む）		
	左第1～4乳腺) 切除	イソフルラン 維持 (90min)		
	右第3 〃	麻酔モニター (90min)		
	左腋窩リンパ節腫大 筋肉内に固着	乳腺片側切除		
	筋層剥離して切除	AB-PC 0.3ml (20:00) i.v.		
	その他、常法通りの切除			
1/27	Ar(+) Ur(+) App(-)…持ち込みエサ	ソルデム3A 6ml/hr		
	ストレスかなり有りそう	AB-PC 0.3ml i.v BID		
		病理組織（Amis）		
1/28	術創良好 App(-)、固まっていたため退院	ソルデム3A 6ml/hr		
		AB-PC 0.3ml i.v		
		入院 × 3日		
		ビクタス10 1T BID 20T		
		オキシドール 30ml		
2/9	・抜糸）術創良好	X-ray	3000	（印）
	・2/5～呼吸粗剛 T: 37.8℃	ラシックス20 1/4T BID（分割） 2T	100	
	X-ray）前胸部不透過亢進、胸水			
	乳腺癌の肺転移の可能性(大)			
2/16	利尿剤によりUr(+) すみやかに呼吸落ち着く	診	1000	（印）
	Ar(+) App(+)	ラシックス20 1/4T SID 2T	100	
	右前胸部 φ1cm軟性腫瘤に気付く	アガリーペット・サメ軟骨 1/3包/日 3包	1050	
		フェロビタール（小分け）	540	

例えば皮膚病。いつごろから掻いてましたか？　という獣医師の問いに、飼い主が「昨日ぐらいから掻いてました」と答える。しかし、それが本当か嘘か、実際に顕微鏡で毛を見るとすぐにわかります。毛がギザギザになっていて、掻きむしった跡がある。一晩や二晩ではないことが一目でわかる。飼い主が嘘をついているとは言いませんが、事実を究明するためにはいろいろな方法を駆使して病名をあげる。飼い主の証言、もとい経過報告がそのベースになっています。

95頁に実際に兵藤動物病院で使っていたカルテの一部をご紹介します。

実際に使用されたカルテなので、一部プライバシーに関係する部分は黒墨で消しました。残念ながらこの猫は転移のため亡くなってしまいましたが、どんな処置・処方をしたのかが丁寧に書かれています。

③治療に協力してくれる態度

飼い主側に「治したい」という意志がなければ、いくら獣医師が頑張っても治療は難しい。飼っているのは獣医師ではなく飼い主ですから。

第1章で動物を飼うときにあったら良いモノの中で「記録帳」を取り上げましたが、獣医師とのコミュニケーションのツールとして、この記録帳は役に立つ。

先生を目の前にしたら緊張して聞きたかったことを忘れてしまう。それも人間ですから当然です。相田みつをさんではないですが、人間だもの、聞き忘れる、やり忘れる、当然です。私だってしょっちゅうやっている。しかし、そんなことが無いように知恵を出すのが人間です。ぜひ、メモを取って下さい。私は飼い主がメモを構えてペンを走らせていたらちょっと嬉しい。「先生は前回こう言いましたが、それはこうですか？」なんて聞かれたら「ああ、ちゃんと私の言うことを聞いてくれていたんだあ」と感激して、もっともっといろいろ説明したくなります。

そして、その記録帳はあなたのペットを守る道具にもなる。獣医師の言葉に矛盾が見つかったらどうぞその点きちんと追及して下さい。経過の途中で治療方針が変わることもあります。最初の方針と矛盾する事態はいろいろ考えられます。飼い主が納得できたらよいものの、そうじゃなかったら動物病院を代わるという選択もあります。メモの習慣は重要です。

誤解のないように付け加えますが、獣医師は飼い主やペットの好き嫌いで診療内容が変わることは絶対にありません。しかし、どうせ通うのなら、獣医師と飼い主の双方が納得しあい、理解しあえる関係を築いた上で、気持ちよく診察したいと思うのが人の常でしょう。獣医師にとって、もしくは動物病院にとって感じの良い飼い主になるコツというのもあります。では、動物病院はどんな飼い主が好きか。ポイントは「動物に対する愛情」です。

私たちは獣医師・飼い主と立場は違っていても、ペットに対する愛情という見えない絆で結ばれた関係にあります。そのペットが愛されているかどうか、大切に飼われているかどうか、それはもうピンとくるものなのです。たとえ飼い主がぶっきらぼうな中年男性で、連れてきたのが薄汚れた野良犬状態の雑種犬であろうと関係ない。その犬が好きかどうか、犬が愛されているかどうかは獣医師ならば誰でもすぐに気がつきます。

そして、(ここが悲しいところなのですが) どんなペットでも飼い主に愛されているとわかったら、獣医師はメラメラと使命感に燃えてしまうものなのです。どうしてか私にもわかりませんが、それが獣医師の悲しい性なのです。「飼い主に愛された動物」に対しては一生懸命、治療してしまう。それはもう、理屈ではありません。ほんとうに不思議です。動物病院は動物を愛する飼い主が大好きです。

Ⅲ　悲しい「死亡報告」もお忘れなく

医療の現場にいて痛感するのですが、死亡報告と経過報告をきちんとしてくれる飼い主は獣医師にとって好ましい飼い主と言えるでしょう。

治療した動物のカルテはきちんと保管されています。死亡したら、たとえ病気でなくても、報告して欲しいのです。電話で言うのに抵抗があったら、絵葉書一枚で結構です。「柴犬ダイスケが十二日老衰のため死亡しました」、それだけで充分。死亡報告により、ワクチン接種の名簿を整理するなど、事務的作業がとても楽になるし、先生にとって印象深い患者さんとして封印されることと思います。また、第4章で紹介するペットロスを解消するためにも、この死亡報告書は役に立ちます。

一つの記録として死亡したという通知は獣医師にとってかなり感慨深いものがある。特に治療した動物については何らかが記憶に残っているもの。この葉書一枚で、飼い主がどんなにその子を愛していたかが分かるし、獣医師にとっても一つの区切りとなる。長い間かかりつけていた病院であればあるほど、その死についての情報を戴けると嬉しいものです。葉書一枚、電話一本でよいので、ぜひ、知らせて下さい。「死んだらどうでもいいよ」という態度で受け止めるような病院は良心的ではありません。

不幸にも診察途中で亡くなってしまっても、最期がどんな状態だったかを獣医師は聞きたいものです。自分の診察が正しかったかどうか、また、見込みの無かった患者の場合、自分の診断とどれほどズレがあったのかを勉強する良い学習機会でもあります。亡くなってしまったペットは戻りませんが、その死が次の患者に役立つのだったら、ペットも喜んでくれるのではないでしょうか。

Ⅳ　薬の効果

製薬会社からはきちんとした効能書きをもらうのが普通ですが、実際に使ってみると思いがけない副作用がある場合も多い、というのは人間の医療を見てもわかる通りです。獣医師はそれを臨床の場で使いながら確かめ、そうした知識の蓄積がよりよい獣医師を育てていく。飼い主から薬の効果についてきちんと報告を受けることは獣医師にとっても有り難い情報なのです。

ベテランの方が経験や知識がある分、治療も的確だ、ということになりますが、最近では若い先生も負けていません。海外の文献をきちんと検索して見つけてきて、それを治療に使って大成功している若い先生もたくさんいます。

昔話になりますが、我々の世代では徒弟制度的な部分が残っており、先生は新人に何も教えてくれなかった。手術は見て憶えたし、今のようにインターネットもありませんでした。今は努力すればたくさんの情報が手に入る、便利な時代になりました。

いずれにしろ、この薬を使ってどうなっているか、次回診察に来たときに教えて下さい。それが動物と先生の役に立ちます。

よくなったのかならないのか、微妙に難しい場合もあるでしょう。そんな曖昧な場合でもそう言って下さい。明らかな効果がわからない、と言ってくれれば先生もまた考えます。

V　良い動物病院はここが違う

病院は病気を治す所です。病気やケガが治らなければ意味が無い。逆に、本来の目的である病気やケガが治ったら一つの目的は果たしたことになります。でも、なるべくなら安くて、良心的で、気持ちの良い動物病院に行きたい。ぼったくりか良心的かどうか、判断するポイントを挙げてみます。

まず、病院に行って病気をもらってきては意味がない。病院そのものが清潔でなければならない、これは最低限のことですが、では、清潔感ある病院とはどんな病院でしょうか。

清潔感をどこで見極めるか

ポイントは、通路、廊下、床、壁、窓ガラス、診察台、先生の白衣、人間用のトイレです。ただし、床の場合は、毛の抜け替え時期の大型犬がいたらすぐに汚れますから、床だけ見て汚いからといって不潔な病院と短絡的に判断するのは間違いです。一つのポイントとして参考にして下さい。

ペットに優しいスタッフがいるか

兵藤動物病院のスタッフの“一員”マイケル。担当はなごませ係

家族同様に可愛がっているペットに対してはできるだけ、痛くないように治療してもらいたいと思うのが人情だと思います。乱雑に扱うのではない、丁寧で、動物が怖がらないように優しく処置してくれる病院を選びたいでしょう。では、そんなペットに優しいスタッフが揃っている病院かどうか、一度、爪切りや耳掃除、肛門線絞りをお願いしてもらうとすぐにわかります。

診察の時に、先生が何を飼っているかを尋ねてみるのもよいかと思います。

これは全く私の偏見とも言うべき意見で、いろいろご批判もあるでしょうが、実際に犬を飼ったことが無い獣医師に犬の話がわかるのでしょうか？　と私自身は考えているのです。つい捨て猫を拾っては育てているうちに家が猫だらけになってしまったという獣医師は、やはり猫が好きで、猫の性質について非常によく知っています。逆に、鳥が大嫌いで食べるのも嫌だという獣医師は鳥について積極的に勉強したくないという気持ちが働いてしまうのでは、と私は心配してしまいます。

もともと獣医師は動物が好きだからなったという人が多い。その動物に惚れ込んで、動物の性質に精通している獣医師はやはり本当にペットに優しい獣医師です。

「先生は何を飼っていますか？」と聞いてみる。そして、先生が自分の飼っている動物について嬉しそうに話したら、それはその動物が好きな先生です。

犬好きならば、犬の習性や薬には敏感です。朝晩の散歩の大変さも知っているし、犬が何を好きであるかも知っている。あるいは自分で自分の猫の避妊・去勢手術をするぐらい実力があれば、その病院とその先生を信頼してよいと思います。

「診察室でウンチ！」その時、病院の態度は？

動物病院で動物が排便や排尿してしまうのは日常的によくあることです。おしっこをしても、かまいません。飼い主はびっくりして恐縮されたり、パニックに陥って必要以上に動物を叱ってしまう人もいますが、自然に対応して下さい。動揺するのも理解できますが、飼い主がびっくりして大声をあげると、動物はもっと不安になり、動揺します。

良いスタッフのいる病院だったら、汚物をいっしょに片づけてくれるでしょう。ウンチやおしっこなんて動物病院では日常のことで、決して恥ずかしくもなんともないのです。逆に診察の手助けになる重要な証拠にもなる。

それを「あなたのペットはまるでしつけがなっていないじゃないか」と頭ごなしに飼い主を叱るような獣医師がいたら、それは間違いです。動物病院での排便・排尿はしつけの問題とは別と考えてほしいと思います。

人間だって、保育士はお遊戯中に幼稚園児がおしっこを漏らしてしまっても、決して叱ったり怒ったりしないでしょう。おしっこしてもいいように、幼稚園ではちゃんとパンツを備えているもの。獣医もおなじです。病院ではちゃんとそのために雑巾やモップを用意してあります。

知らない動物の臭いでいっぱいの動物病院、その中で少しでも自分の安心できる何かがあったら動物の気持ちも安らぎます。保定《ほてい》（動物が動かないように固定すること）する時、ペットがいつも寝ているタオルを使うと安心することもあるので、いつも使っているタオルとトイレットペーパーはあるとよいでしょう。

Ⅵ　動物病院チェックリスト10項目

実際、よい病院はどこで見極めるか、動物病院チェックリストを作りました。

動物病院チェックリスト

①電話での応対について。ハキハキした態度で応じてくれて、電話口での話し方や印象が良いと感じましたか？　　Yes　　No

②治療費について。手術など事前に納得できる説明をしてもらえましたか？　　Yes　　No

③これから行う具体的な治療について、充分に納得できる説明がありましたか？

④セカンドオピニオン（その先生以外の先生の意見を聞くこと）について、担当の先生は賛成してくれましたか？　Yes　No

⑤治療や手術に立ち会いたいと希望した時に、同意してくれましたか？　Yes　No

⑥最初に病院に入った時に、異臭を感じることなく、清潔感を感じましたか？（特に窓ガラスやトイレなど）　Yes　No

⑦面会を申し出た時に、快く受け付けてくれましたか。さらにその際、現在、どんな治療をしていて、どういう状態であるかをきちんと説明してくれましたか？　Yes　No

⑧連れていったペットがパニックになって排便・排尿した時に病院関係者は飼い主さんと一緒に始末してくれましたか？　Yes　No

⑨ペットがもしもの場合、緊急の連絡先を教えてくれましたか？　Yes　No

⑩自宅療養を希望する時に、相談に乗ってくれる獣医師でしたか？　Yes　No

＊予後不良（改善が難しい状態）の際、安楽死をしてくれますか？　Yes　No

Yesが七個以上で良い病院と判断していい。また、五個で普通の病院。三個以下だとセカンドオピニオンの必要性を考えてみて下さい。

では、項目ごとにチェックリストについての簡単な説明をします。最初に断っておきますが、あくまでもよい動物病院を探す上での指針であって、このリストがすべてではありません。全部がNoでも、飼い主のあなたがよいと感じた動物病院が最良の動物病院と判断してよいのです。あくまでも、動物病院を見るときの目安です。

さて、「①**電話での応対について。ハキハキした態度で応じてくれて、電話口での話し方や印象が良いと感じましたか？**」、電話での応対ですが、ハキハキした態度で応じてくれて、電話口での話し方や印象が良い病院は従業員の教育が行き届き、モラルの高い動物病院といえます。電話での応対は診察受付での応対につながります。

ただし、病院ですから、百貨店のように流暢丁寧にできない時もあります。特に忙しい時期や緊急の場合など、なかなか電話に出にくいことがあるのも事実です。でも、飼い主が問い合わせのために電話をかけてきて、その問い合わせにきちんと応対できない病院が、診察で飼い主に納得のできる説明を提供できるはずがない、と私は考えますが、いかがでしょうか。

また、病院のスタッフどうしが仲良しで、病院の仕事が好きな人たちに溢れた動物病院だったら、自然と電話の応対もいきいきとしてくるはず。電話には、そうした病院の空気（言い換えると病院の雰囲気）が出てくると私は思っています。

付け加えておきますが、原則的に兵藤動物病院では電話で症状を尋ねられても治療に関する話はしないことになっています。治療は獣医師が目で見て触って検査をして確かめなければできないし、間違ったアドバイスをして事故に繋がる事態を防ぐためです。ただし、緊急の場合や、どうしても電話でなければわからない場合はその限りではありませんし、動物の状態によっては電話で対応する時もあります。

次の「**②治療費について。手術など事前に納得できる説明をしてもらえましたか？**」というチェックポイントは重要です。

治療費に関する問い合わせはちっとも恥ずかしいことではありません。人間の場合には国民健康保険という立派な制度があって治療費の一部は国が補助してくれますが、動物にはそうした制度がありません。最近は動物医療保険も広まってきましたが、まだまだ一般的ではないので、費用についての心配は当然です。

獣医師に聞くのが恥ずかしければ、AHTにたずねてもよいでしょう。飼い主として納得できる医療費の請求であるかどうかは、獣医師との信頼関係にも影響を与えます。獣医師が丼勘定で請求するのではなく、病院で定められたスタンダードな治療費に則って請求しているかどうかが問題なのです。こういう病気をしてこれだけ薬を出したからいくら、という請求が明確であれば、飼い主も納得できるでしょう。

しかし、国民健康保険が適用されない動物の場合は、治療費や投薬料が人間に比べると高いという印象を受けてしまうかもしれません。現に「うちのおじいちゃんの方が安かった」などという声をよく聞きますが、実際にその家族が支払っている金額と、国民健康保険で適用されている金額を合計し、さらに患者は病気を理解して黙って大人しく寝ていてくれる人間ではないという点を考慮したら、不当に高い金額ではないと思うのですが、それは私が獣医師という立場だからでしょうか？

私は短い期間でしたが実母の介護を体験しましたが、人間の病院はまるで工場のようにシステマティックで手術も医者に暇な時間を与えないようにビッチリ組まれていました。手術室から出るともうすでにそこには次の手術を待つ患者が寝ている、というベルトコンベア状態です。これならば合理化も可能でしょう。

でも、動物病院ではそうはいきません。手術を受ける患者の数が圧倒的に違います。動物病院という仕組み上、仕方がないこととはいえ、あいまいに治療費をごまかしたり、上乗せされては飼い主としてやりきれない。治療費に対して納得できる説明を受けられるかどうか、その病院を選ぶポイントとしてあげられると思います。

「**③これから行う具体的な治療について、充分に納得できる説明がありましたか？**」というのも、動物病院と飼い主がきちんと信頼できるかどうかの重要な項目です。はっきり言って、これがＮｏの動物病院はあまりおすすめしたくない。

兵藤動物病院では検査した数値をなるべく飼い主に渡したり見せたりして治療の根拠をきちんと説明できるようにしています。例えばこんな具合です（112〜113頁、図表7　血液検査の一覧表Ａ・Ｂ）。

図表７　血液検査の一覧表

A−1

Species : Adult Canine　　　　Ver: 7.3AJ
Patient : [redacted]　　　　Date : 22-Mar -2004 01:40PM

Test		Results	Reference Range	Indicator (LOW / NORMAL / HIGH)
HCT	=	50.5 %	37.0 - 55.0	
HGB	=	17.2 g/dl	12.0 - 18.0	
MCHC	=	34.1 g/dl	30.0 - 36.9	
WBC	#	11.3 x10⁹/L	6.0 - 16.9	
GRANS	#	8.9 x10⁹/L	3.3 - 12.0	
%GRANS	#	79 %		
L/M	=	2.4 x10⁹/L	1.1 - 6.3	
%L/M	#	21 %		
PLT	>	67 x10⁹/L	175 - 500	
Retics	˜	0.8 %		

Buffy Coat (4)
Buffy coat layers inconsistent due to clumped platelets, expired tube or stain on tube exterior. Remove tube, carefully clean exterior, and retest. If situation persists, obtain a fresh sample and retest.

Buffy Coat Profile

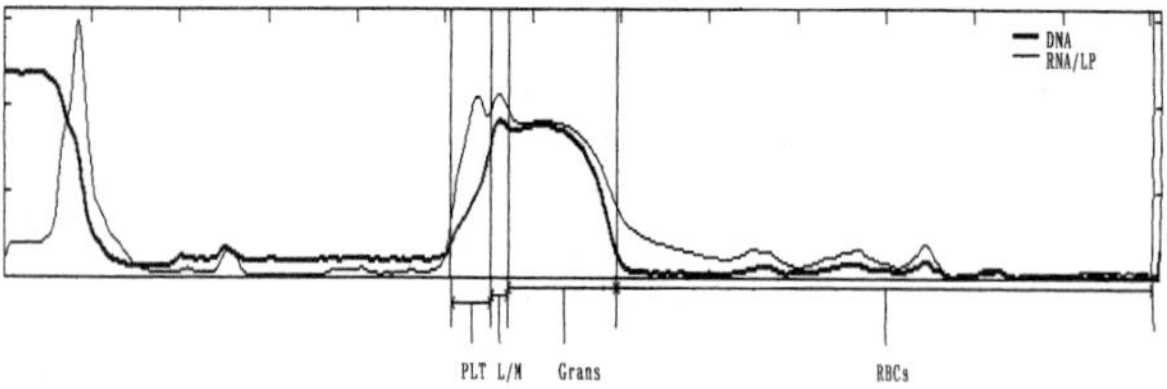

A−2

血液一般検査　……血液中の赤血球や白血球の数を求めたり、赤血球や白血球の種類別の出現頻度を求める検査。貧血の状態や種類、感染症の有無などが分かります。

検査項目	読み方	増加（↑）	減少（↓）
HCT	ヘマトクリット値	多血症、脱水	貧血
HGB	ヘモグロビン	多血症、脱水	貧血
MCHC	平均血色素濃度		
WBC	総白血球	炎症、ストレス、白血病	骨髄抑制、汎白血球減少症
GRANS	顆粒数	炎症、感染症	
%GRANS			
EOS	好酸球数	アレルギー、寄生虫疾患	ストレス
NEUT	桿状核好中球数	炎症、感染症	消費
L/M	リンパ球、単球比	リンパ腫	
%L/M			
PLT	血小板数		骨髄抑制、自己免疫疾患
Retics	網状赤血球数	悪性貧血	正常

B-1

Species : Adult Canine　　Ver: 7.3AJ

Patient : [redacted]　　Date : 22-Mar -2004 01:40PM

Test		Results	Reference Range
ALB	=	3.63 g/dl	2.70 - 3.80
ALKP	=	84 U/L	23 - 212
ALT	=	29 U/L	10 - 100
BUN	=	18.3 mg/dl	7.0 - 27.0
CREA	=	0.78 mg/dl	0.50 - 1.80
GLU	=	123.4 mg/dl	77.0 - 125.0
PHOS	=	4.87 mg/dl	2.50 - 6.80
TBIL	<	0.10 mg/dl	0.00 - 0.90
TP	=	6.72 g/dl	5.20 - 8.20
GLOB	=	3.09 g/dl	2.50 - 4.50

Indicator

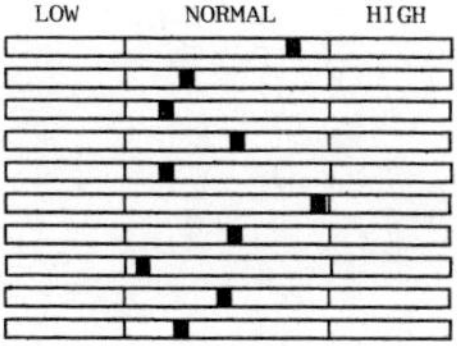

WARNING: TEMPERATURE WAS OUT OF RANGE AT TEST BEGIN. TEMP WAS= 36.44

B-2

血液生化学検査　……血液の液体成分に含まれる酵素や代謝物、電解質などを測定することにより、各臓器の機能や代謝状態を評価します。

検査項目	読み方	増加（↑）	減少（↓）
ALB	アルブミン	脱水、慢性肝疾患	栄養不良、肝障害、腎障害
ALKP	アルカリフォスファターゼ	肝炎、骨疾患、薬剤、クッシング	
AL.T(GPT)	アラニンアミノトランスフェラーゼ	肝疾患	
AMYL	アミラーゼ	膵疾患、腸閉塞、腎不全	
AST(GOT)	アスパラギン酸アミノトランスフェラーゼ	肝障害、筋炎、心筋炎	
BUN	尿素窒素	腎障害、脱水、尿路閉塞	タンパク質欠乏、肝障害
Ca^2	カルシウム	腎障害、腫瘍、上皮小体機能亢進症	慢性腎不全、上皮小体機能低下症
CHOL	コレステロール	膵炎、クッシング、甲状腺機能低下症	肝障害
CK	クレアチンキナーゼ	筋炎、心筋炎	
CREA	クレアチン	腎機能障害、筋障害、尿路閉塞	
GGT	ガンマグルタミルトランスフェラーゼ	肝炎、肝障害、薬剤、クッシング	
GLU	血糖値	糖尿病、ストレス	栄養不良、腫瘍、膵臓癌
LDH	乳酸脱水素酵素	肝障害、筋炎、心筋炎	
LIPA	リパーゼ	膵炎、腸炎	
Mg^{2+}	マグネシウム		低マグネシウム血症
NH_3	アンモニア	肝機能不全	
PHOS	無機リン	腎障害	栄養不良、腫瘍、上皮小体機能亢進症
TBIL	総ビリルビン	黄疸、肝炎、胆管閉塞、溶血	
TP	総タンパク	炎症、感染症、脱水	栄養不良、肝障害、腎障害
TRIG	中性脂肪	高脂血症、糖尿病	
URIC	尿酸	腎不全	
GLOB	グロブリン	慢性炎症、寄生虫疾患、免疫介在疾患	

Na	ナトリウム	高ナトリウム血症、脱水、利尿剤	下痢、慢性腎障害、嘔吐、うっ血性心不全、副腎機能低下症
K	カリウム	溶血、下痢、腎障害 副腎機能低下症	
Ca	カルシウム	脱水	嘔吐、慢性腎疾患、利尿剤

Ａ－１、Ｂ－１はそれぞれ検査結果の数値です。Ａ－２とＢ－２は英数字で表された文字が何を表すのかを説明するために作成した表です。Ａ－１右上の表でＬＯＷ（低い）、ＮＯＲＭＡＬ（正常値域）、ＨＩＧＨ（高い）という部分に注目すれば、ＰＬＴがＬＯＷに入っている他はすべて正常値だということがわかります。また、Ｂを見ると、ＧＬＵがやや高い以外、ＡＬＢからＧＬＯＢまで九項目の検査すべてが正常値となっています。

これらすべて検査による結果の数値です。それぞれ何の値を示すか、飼い主が完全に理解できなくてもいい。ここでは検査に基づいてきちんと治療方針を決め、獣医師がきちんとした治療をしているかどうかが重要なのです。血液検査の一覧表はその一つの例としてあげたものです。もし、こうした数値がきちんと提示され、飼い主でも納得できる根拠による治療が行われていれば、それは信頼できる良い動物病院といえるのではないでしょうか。

ただし、飼い主によってはそんな数字を見せられてもわからないし、説明されるよりも、自分がどうしたらよいかだけを聞きたいという人も中にはいる。「どうすればよいかだけを教えて欲しい」という飼い主です。これは獣医師から見ると騙しやすい人です。本音でそう思っていたとしても、また、説明の内容が専門的で何回聞いてもよくわからない場合でも（本当は、飼い主が理解できないような説明をする獣医師は実は頭の悪い人です。わからなければ何回でも聞き直して下さい）、説明をしてくれたかどうか、その一点だけを確かめて、判断して欲しいと思います。

「④セカンドオピニオン（その先生以外の先生の意見を聞くこと）について、担当の先生は賛成してくれましたか？」、これはその獣医師がきちんとした診断をしているかどうかの目安となる質問です。もし、きちんとした治療をしているならば、他のどんな獣医師に診られようと、正々堂々としていられるはず。飼い主が獣医師の説明に納得できなかったら別の獣医師に相談したいと言って下さい。最近では大学病院に紹介して欲しいという希望が増えました。私はその傾向はとてもよいと思っているのです。飼い主がもっと積極的に治療に参加したいという気持ちが出てきた。動物病院がそれをサポートするのは当然のことです。それを「他の病院でも同じですよ」とセカンドオピニオンを否定するのは問題です。

気を付けて欲しいのは、飼い主が「青い鳥症候群」に陥ってしまい、どこかに自分にピッタリの獣医師がいるはずだと、そもそもの治療をほったらかしてあちこちの動物病院をさまよってしまうこと。要は動物にとってよい治療をしてくれる病院であるかが大切なのであって、くれぐれもあなたの恋人もしくはあなた自身の相談相手を探すのではないということを認識しておいて下さい。よい獣医師を探し求めてさまよった挙げ句に手遅れになってしまったなんてことのないように。

次の「⑤**治療や手術に立ち会いたいと希望した時に、同意してくれましたか?**」は衛生上難しい場面があるので一概にNoだから「悪い病院」と言い切れない面もあります。しかし、正当な理由無しに立ち会いを拒む、もしくは飼い主に隠れて何かをする、というのは獣医師としてあまり信頼できない。

また、実際は飼い主がそばにいると助けを求めて大声で叫んだり暴れてしまうので、飼い主にいったん診察室から出てもらうことも少なくありません。そうした大暴れの動物は飼い主がいなくなると案外観念しておとなしくなり、治療や処置がしやすくなります。

さらに、患者を連れてきた飼い主に問題があって、診察室から出てもらうこともあります。飼い主が興奮して「〇〇ちゃん、可哀想に、あらひどいことを」なんて大騒ぎしてしまい、影響された動物が大暴れ。治療にならないということも多い。特に女性に多くて、「先生、うちの子に注射なんて痛いことはやめなさい」と叱られてしまい、どうにもならなかったこともあります。せっかく治療に来たのだから、治療をしたい。というか、獣医師は診断、治療をするのが仕事なのにそれをさせてくれない飼い主がいるのも困ったものですが、実際に飼い主が立ち会わない方が良い結果を生むこともある。

しかし、家族の一員である動物にどんな治療を施すのか、またはどんな手術を施すのか、飼い主が知りたいと思うのは当然です。ぜひ獣医師に「治療や手術に立ち会いたい」と言ってみて下さい。快く応じてくれたらその病院はオープンで飼い主に後ろ暗い何物もありません。ただし、強い伝染性の病気など、病気でない別のペットにうつる可能性のある病気の場合は断られることもあるので、注意して下さい。

動物病院で病気をもらってきた、なんてことにならないように、衛生管理は飼い主がしっかりチェックして病院を選ぶこと。

「**⑥最初に病院に入った時に、異臭を感じることなく、清潔感を感じましたか？（特に窓ガラスやトイレなど）**」は病気から動物を守る大切なチェック項目です。また、動物病院のモラルの程度を測る手段としても使えるでしょう。汚い環境にいると人は汚さに慣れてしまいます。衛生的で管理された動物病院であるかどうか、実際に飼い主が動物病院へ行ってみて確かめるべきです。

「**⑦面会を申し出た時に、快く受け付けてくれましたか。さらにその際、現在、どんな治療をしていて、どういう状態であるかをきちんと説明してくれましたか？**」という設問は設問③や⑤に通じる内容です。
動物病院の方針によっては、入院患者の面会を禁止しているところもあります。それはそれで結構だと思うのですが、ペットの気持ちになってみると、身体の調子が悪い上に知らない場所に閉じこめられてすごく辛いんじゃないか、と私自身は察するわけです。人間だったら、病気なんだから仕方がないと納得できるかもしれませんが、動物はなぜ病院に入院しなければならないか、理解できるでしょうか。ほんの二、三分でも飼い主の顔を見れば「大好きな飼い主から捨てられてしまったのではない」と気持ちが落ち着くのではないかと思うのです。

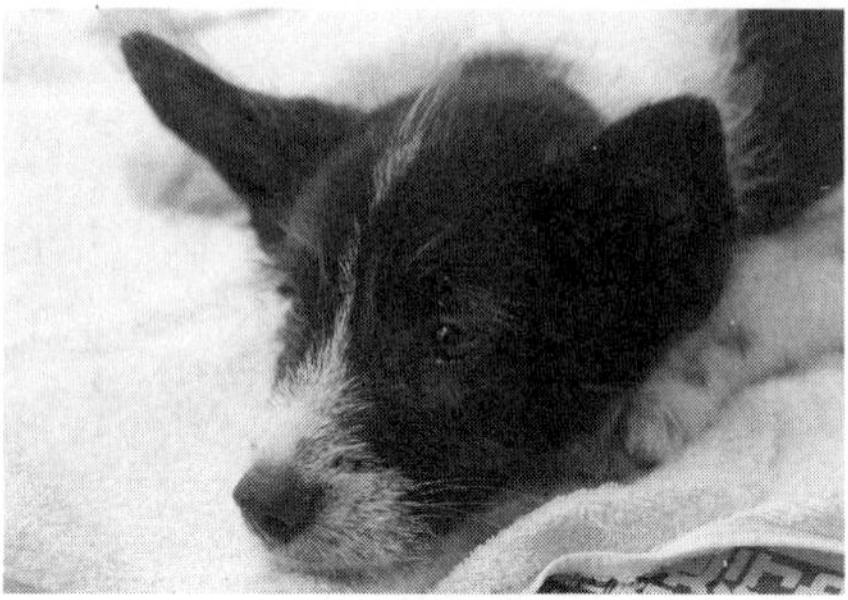
「誰か、来ないかなぁ」

さらに、面会は飼い主が実際の入院施設に入るわけですから、どんな状態で入院しているか、見ることもできます。きちんと管理された病院かどうか、面会で確認してみるのもよいでしょう。また、実際に働いている獣医師や看護士などスタッフの動きから、動物病院としてきちんと機能しているかどうかがわかるでしょう。

よく雑誌の記事を読むと、獣医師に病気だと言われて入院させられたあげく、高額の費用を請求された、という内容があります。何をされたのかわからないけれど、入院だからと何十万円とする高い医療費を支払ってしまった。納得できないというのが記事の内容でしたが、あらかじめ獣医師と費用を相談し、治療の方針を聞いて納得していたらそんな事件は起こらないはずなのです。

飼い主が「なぜ入院しなければならないのか」、そして「入院中にどれだけの処置をしたか」「どんな薬を出したのか」という点をきちんと理解していれば、入院費用についてはかなりの部分、納得して頂けると、私は信じています。理解してもらうために、私たち獣医師はできるだけ丁寧に説明するべきでしょう。

また、入院中にどんな様子だったかを聞くのは飼い主として当然の義務であり権利です。あいまいな返事をされたら、疑ってかかるべきです。

「**⑧連れていったペットがパニックになって排便・排尿した時に病院関係者は飼い主さんと一緒に始末してくれましたか?**」については、すでに『診察室でウンチ!』その時、病院の態度は?」でも述べました。繰り返しますが、動物が動物病院で排泄してしまうのは仕方のないことです。もちろん、前もって散歩なりで排泄して病院に来てくれるありがたい飼い主もいらっしゃいますが、多くの人はそんな余裕のない状態で動物病院に駆け込んで来る。そこで排泄してしまうのは動物が悪いわけでもなんでもない。それに対して病院のスタッフが厳しく叱責するのは病院として動物にあんまり優しくないのではないかと私は思うのです。

治療目的ならばどんな手荒なことでもする、というのではなく、動物の立場に立ってなるべく痛くないよう、怖がらないように工夫をして手当をしてあげる、そんな姿勢が病院には必要で、飼い主もそれを求めているのではないかと思うのです。そこで、たとえば排便してしまったときに、いっしょにお掃除をしてくれるという姿勢があるかどうかをチェックリストに加えてみました。

以前、参加したペットロスミーティングで、参加者が非常にうれしかったことの一つに、「緊急時の電話番号を教えてもらったこと」というのがありました。ペットロスミーティングとはペットを亡くした経験のある人々がその体験を語り合うという会合で、飼い主の本音が出ていて非常に勉強になりました。そこで、重症で死を目前にした飼い主が「ここへ電話をすれば獣医師と話ができる」という電話番号を知っていたおかげで、安心して看取ることができました、と語ったのです。

兵藤動物病院は二十四時間年中無休ですから、電話をかけて先生と話ができる体制はすでに整っており、そんなことが飼い主の安心感を得ているのだとは考えもしなかったので、驚きました。確かに、普通の動物病院で獣医師が夜中まで待機しているところは少ない。万が一の場合の連絡先を知っておくことは緊急の場合の備えになります。そして、もし、不運にも家で急変してしまった場合、先生に指示を仰ぐことができたら、安心でしょう。

万が一の場合を考慮して「**⑨ペットがもしもの場合、緊急の連絡先を教えてくれましたか?**」という項目もチェックしておきたいものです。

兵藤動物病院の場合、緊急の患者を受け持った場合は病院から先生の携帯電話に繋げることもあります。お休みしているところに悪いなあと思うのですが、熱心な先生はそんなことで気分を害することなく、飼い主に電話をいれているようです。また、先生によっては「明日から一日お休みしますので、何かあったら○○先生に聞いて下さい」と引継ぎもきちんとしています。

時間と手間はかかりますし、病気や治療によっては飼い主にたくさん勉強してもらわなければなりませんが、家で看護したい、自宅療養をしたいと希望された場合、私はできるかぎり手伝いたいと考えています。何がなんでも動物病院でなければならない、という囲い込みは動物病院に対する不信感をつのらせる事態にもつながります。飼い主にまかせることができると判断したら、自宅での療養に協力してくれる獣医師ならば安心です。「⑩**自宅療養を希望する時に、相談に乗ってくれる獣医師でしたか？**」という問いに快く答えてくれる動物病院はまず良心的でしょう。

最近、超小型犬の骨折事故が増えています。じゃれついてきたのを知らずに踏みつけてしまったり、高い場所から転落して、骨折する事故はここ数年、目立っています。骨折の場合、自宅で小さな子供がいたりすると、退院を断ることもあります。小さい子供がつい動物と遊びたくなってしまい、骨に無理な力を加えて治療が難しくなってしまうこともあるからです。飼い主もその点をぜひ心掛けて、家に連れて帰りたいからと獣医師に嘘や隠しごとはしないようにお願いします。

飼い主と獣医師の目的は一つ、動物が元気に楽しく暮らせるようにすることです。家に帰るのが目的ではありませんが、家で治療をしたいという時に、獣医師が協力してくれるかどうか、もしくは正しい理由からそれを断るかどうかも、よい獣医師かどうかの目安になるでしょう。

また、万が一の時、予後不良になった動物に安楽死処置をしてくれるかどうか、聞いておくのも飼い主にとっては一つの判断材料になります。やるかやらないかで良い動物病院かどうかを判断するのではなく、飼い主の選択肢の一つとして聞いておくと万が一のときに役に立つ、という情報です。ですから、チェックリストにＹｅｓ、Ｎｏはつけず、最後に＊印をつけて付加しています。

Ⅷ　病院での診察が必要か？

飼い主に確認してほしい7項目

私は獣医師という立場上、心配事があったらどんなに些細な事柄でも動物病院のドアを気軽にたたいてほしいのですが、忙しい現代ではなかなかそうもいきません。犬や猫、もしくはその他ペットはどんな時に病院に行くべきか、以下の７点が病院へ行く時の指針になっています。

①食欲が全くない。好物も食べない

②大好きな人の目を見ても、反応を示さない
③目やに、鼻水、せきがある
④部屋の隅や狭いところなど、隠れた場所で寝たがる
⑤人間は寒くないのに、動物の体温が下がる
⑥人間の動作に反応せずじっとうずくまって横目で見るだけで動かない
⑦下痢が続くか、下痢の中に血液など異常な物質が混じる

この7項目で、心当たりがあったら必ず病院へ行って下さい。もちろん、これ以外にも異常があって、飼い主がおかしいと判断したら、即、病院に来て下さい。

野生では小動物がケガや病気を外に見せると、敵に攻撃されたり捕食されたりするため、症状をかくします。具合が悪いと飼い主が気付いた時は手遅れになる場合も多いのです。ほんの少しの異常でも躊躇せず、動物病院のドアをたたいて下さい。健康な個体の状態を見ることができれば、次に異常が発生した時、診察の役に立ちます。

些細なことでも、相談は大事

病気を見過ごして悪化させるよりは、何でもなくて病院に来た方が何倍もよい。

先日も、ペットショップから買ったばかりだというコーギー犬をつれてきて、「先生この子、眠る前に手が熱くなったり、鼻が乾くんです」と心配そうに抱き上げる人がいた。飼ったことのある人だったら、子犬が寝る前に肉球が温かくなったり、鼻が乾燥するのはいわば当然の常識ですが、それを知らなかった。

知らなかったのはそれだけではなく、フィラリアの予防も、予防注射についても、何も知らないで来た。もし、そこで病院を訪ねてこなかったら、フィラリアに罹患していたかもしれない。「鼻が乾くのが心配だ」と来院したのが、実は大正解だったわけです。

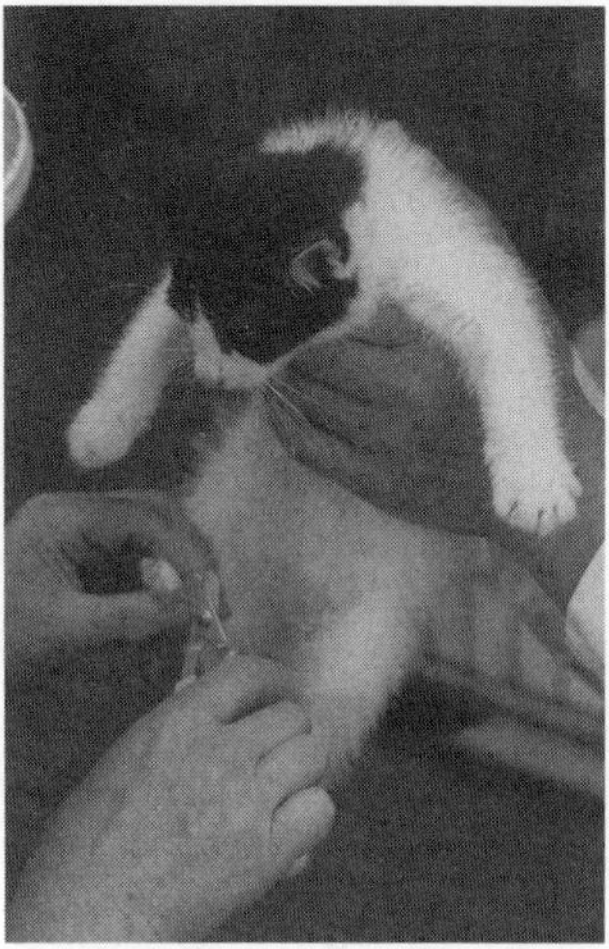

病院に慣れることも大切です

病院に爪切りや耳掃除、肛門線を絞るなどのために、よく来る動物がいます。ちょくちょく来ていると、スタッフとも顔見知りになるし、動物も病院に慣れてくれるから、他の動物だと大騒ぎになる処置も、がまんしてやらせてくれるようになる。時間があると看護士も頭を撫でてくれるでしょう。そうすると「この人は味方だ」と感じて、病院に来た動物もリラックスできるのです。

　ちょっとしたことでも動物病院に来させようと誘っているのではありません。うちの場合、爪切りで千円から、耳処置で千五百円からですから、決して利益の出る金額ではない。爪切りだって、状態によっては時間もかかるし、嫌がられると白衣をボロボロにされたり、診察台脇の薬箱を滅茶苦茶に壊してくれた大型犬もいる。そうなると千円では病院経営上、損してしまう。でも、病院に動物が慣れてくれれば、万が一、重い病気になった時でも診断しやすいし、動物にとって診察も楽です。だから、簡単な処置でも怖がらずに病院に来て欲しいのです。

　獣医師も人の子。幼い頃、健康診断で来た動物がだんだん成長していくのを見るのが嬉しいのは当然です。

　私だって、帝王切開で難産の末に産まれた子が元気にワクチン接種に来てくれると本当に嬉しい。ああ、あの、ネズミみたいに小さかった子がもうこんなに大きくなったんだなあと、歳のせいでしょうか、感慨に耽ることも多くなりました。たまに散歩途中に病院の窓から中を覗いてくれたりすると、思わずスタッフもわらわらと窓際に寄ってきて抱き上げて頬ずり……。キャバリアのハッピーちゃんもそんな患者の一頭で、夕方の散歩には必ず顔を見せてくれる。ハッピーの寄り道を心待ちにしている病院スタッフも多いのです。

友好的な関係を築くことができれば、動物も飼い主も獣医師にとっても幸せです。どうか、動物病院を積極的に活用して、ペットライフをもっともっと濃厚で幸福なものにしていただきたいと願ってやみません。

第3章 ペットを取り巻く現状と課題——動物との幸せな暮らしを実現するには

I　日本のペット産業四十年史

急成長の光と影

私が開業した当時は「ペットにお金をかけるなんてとんでもない」というのが世間の常識でした。人間の生活が第一で、犬猫その他ペットに対する関心は低かった。お金を出して純血種を買うのはひとにぎりの金持ちがやることで、それも一般の給料の何倍もの価格で取引されており、新米獣医師であった私は、診察に来た犬の価格を聞いてびっくりしたものです。ほとんどの家ではもらってきたり拾ってきた犬や猫を飼っていました。

開業当初、レントゲン設備が欲しくて街の金融機関に相談に行ったのですが、「動物にレントゲン装置なんてとんでもない話だ」とけんもほろろで、貸してくれるどころか、私の話もろくに聞いてくれない状態でした。銀行員も「犬や猫に金をかけて診察するなんてとんでもない」という態度があからさまで、動物病院とはまことにいかがわしい存在であるかのように扱われ、とても悔しい思いをしたものです。

しかし、骨折などの診断のために、私はどうしてもレントゲン設備が必要だったし、欲しかった。「レントゲンが欲しい、欲しい、欲しい、欲しい」とあっちこっちで嘆いていたら、近くに住んでいたペット好きの地主さんが見かねて資金を貸与してくれたのです。有り難かった。私の大切な恩人の一人です。彼のおかげでようやくレントゲン機械を一式、手に入れることができ、当時では最先端の医療設備が完備された病院となりました。レントゲンの威力は充分に発揮され、口コミで遠くから飼い主さんが来るようになり、ようやく経営も軌道に乗ることができたのです。それが昭和三十年代から四十年代はじめの話です。今ではレントゲンのない動物病院の方が少ない有様です。

ことほどさように、動物を取り巻く経済環境は急速に発展していきました。今ではテレビコマーシャルや新聞で名前をよく聞く大手ペットフード会社でさえ、当時は大学新卒を採用することができなかったほど、知名度も人気も低かった。社長が私に「どんな大学でもいいから大卒を採れるようになりたい」と嘆いていたのが、今や大学生の人気企業ランキングに堂々と登場する時代です。隔世の感があります。

図表8　ペット関連総市場規模推移（小売りベース）

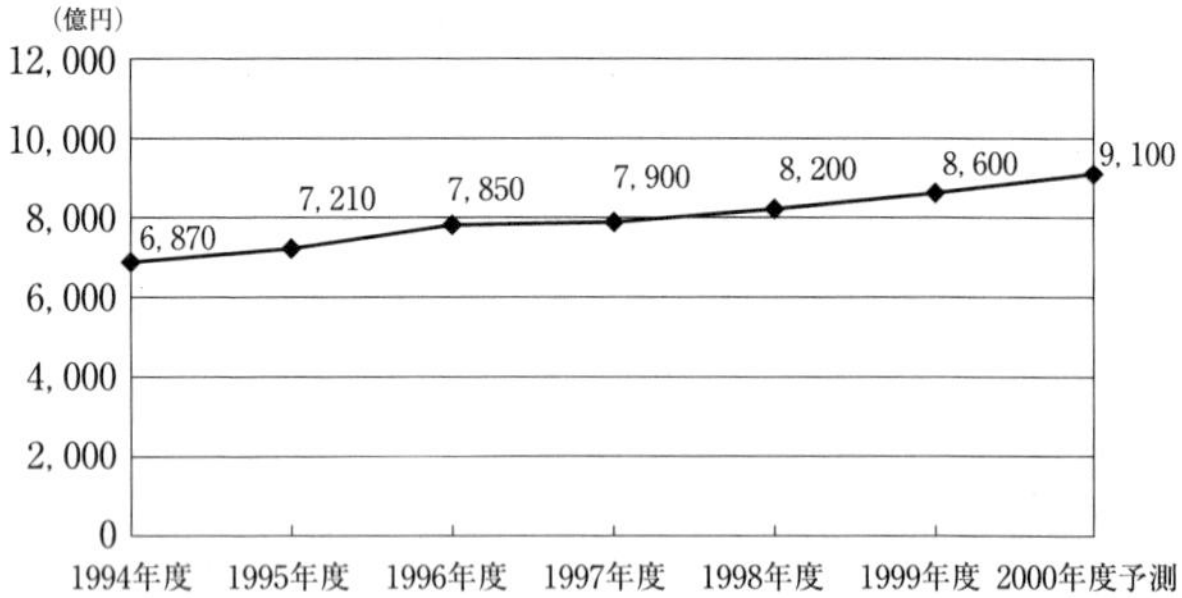

出所：矢野経済研究所、出典：「ペット動物流通販売実態調査報告書」
（2003年3月、環境省）

やる気のある優秀な社員が増えれば、そこには新しい技術も誕生し、市場も広がっていきます。ペットを取り巻く産業はこの不況下でも成長を遂げている数少ない分野です（図表8　平成十五年環境省発表・ペット動物流通販売実態調査報告書　矢野経済研究所調べ、ペット関連総市場規模推移　小売りベース）。しかし、市場の拡大とともに成長していくはずの飼い主の意識がついていかないという、矛盾もあちこちに見られます。

動物は使い捨てではない

漫画の影響でしょうか、ハムスターはここ数年、患者として急速に増えています。トイレの始末が簡単で、犬と違って散歩の必要もない上、仕草が可愛らしく、手の掛からないペットとして人気を集めています。

そんなハムスターの全身に腫瘍ができてしまったと連れてきた飼い主がいました。フサフサした毛が抜け落ちたハムスターを連れてきたお母さんは小さな子供の前で「汚くなってしまって、飼いたくないので病院で引き取って下さい、お金を出します」とまで言うのです。

私は子供がペットの死を体験することは大切な教育の一つであると考えています。可愛がっていたペットの死は悲しく辛いできごとですが、それ以上に、死が教えてくれることも大きい。この点については第4章で詳しく書きますが、死が遠くへ追いやられてしまった現代社会の中で、「ペットの死」は大切な役割を果たしています。

しかし、その若い母親はハムスターを無理矢理病院に置いて帰ってしまいました。私は延々と説得したのですが、ともかく「気持ちが悪い」「子供が嫌がる」の一点張りでどうにもこうにもこちらの話を聞いてくれません。ペットショップに返そうとしたが、即刻、追い返されたそうで、動物病院ならば引き取ってもらえると期待して来たそうです。母親は私に対してごねにごね、挙げ句の果てに「先生が引き取ってくれなければ野山に放す」と、子供の前なのに泣き出した。そこまで言うなら仕方がない、悲しい気分で引き取りました。

汚くなり、死にそうになった弱い存在に対し、どう接したのか、母親は子供にお手本を見せるべきでした。最期まで手を差し延べて、死を看取ってやる姿を見せることで子供はもっと人間的にも精神的にも成長できるチャンスだったのです。

母親は弱く汚い存在を捨ててしまいました。それを見ていた子供が成長し、大人になって、社会で弱く汚い存在を捨てるのに抵抗が無くなったら大変です。今、子供たちの残虐な犯罪が話題になっていますが、私はどうもそれが親の影響であると感じられてならないのです。

飼育は命の尊さを知るチャンス

これはつい最近の出来事だったので、鮮明に憶えていますが、こうした「ペット使い捨て」の飼い主は四十年前にもたくさんいました。

昔はもっとひどくて、母犬にどんどん子犬を産ませる。そして、産まれた子犬ばかり可愛がって、母親を保健所に捨てる。子犬が成長してまた母親になったらその子犬をまた可愛がって母犬を捨てる……そんな残虐非道な所作を延々と繰り返しやっていた飼い主が現実にいたのです。まったくもって許し難い。

羨ましかったアメリカ・ペット事情

米国の複数の州では犬を飼う人に「ペット講習」の受講が義務づけられています。私が見学した講習会は「お座り」「止まれ」の訓練と、食餌の与え方、ペットの代表的な病気やケガについて簡単な講義が行われていました。

講習が修了すると小さな紙の卒業証書を手渡されます。参加していた黒人女性は「卒業証書をもらえるなんて嬉しいわ」と大はしゃぎ。もう一人、やんちゃな子犬を連れた白人の女性には講師が「あなたは来週も参加しませんか？」と再訓練をすすめています。とてもほほえましかったものです。

ほとんどが子犬ばかりでしたが、中にはSPCA（保護センター）から引き取ったという大型犬が一頭、混じっていました。大型犬は非常に落ち着いて訓練が行き届いており、「STOP！」でピタッと止まり、「GOOD！　GOOD！」と子犬の飼い主たちから拍手と賞賛をあびていたものです。彼はきっと優秀な成績で卒業したのでしょう。

米国ではＳＰＣＡから犬をもらうのは審査が厳しくて案外難しいようです。日本でも「保健所から引き取った」が飼い主のステータスを高めることになるといいなあ、と思ったものです。

講習会で強調されたのは「最期まで飼う」ということ。講師の女性教師は「あなたに愛情をもらえなくなったら、彼らは死んだも同然」と言い切りました。なるほどこうして最初に犬を飼う人に教育をしていったら、不幸なペットも減るにちがいありません。

日本の現状アップに必要なこと

こうした低レベルの問題を抱える一方で、アジリティー競技などペットと飼い主がより高度なレクリエーションにチャレンジする例も増えてきました。飼い主とペットが同じ競技者であり、さらにより高い場面にチャレンジし、互いに達成感を味わうという実に素晴らしいレジャーです。主従の関係を保ちながら、互いに競技者であり、同じ目標に向かって努力する姿は何とも感動的です。

アジリティー（Agility）というのは犬の障害物競走で、犬と人間が協力しながらコース上のハードルを乗り越えたりトンネルを潜り抜けたりして、その正確さやタイムを競うスポーツです。日本では一九九四年から本格的な競技会が開催されはじめ、愛好者も急増しています。単に犬をコースで走らせるだけではダメで、人間と犬の信頼がなければ好成績を修めることはできません。犬の本能である走る楽しさや潜って探す楽しみがコースには設定されており、人間も犬も楽しめるスポーツになっています。

私も先日、アジリティーを見学して来ましたが、とても面白かった。ある場面で、人間が失敗した、すると犬の目が一瞬キラリとして「いいよ、いいよ、大丈夫だよ、次に行こうよ、次で頑張ろうよ」と言ったのです。私は犬の言葉を語れないけれど、あの時の犬の目は、何というか、言葉になっていた。失敗した男性は小さくうなずいて、競技は続行されましたが、結局、成績は振るいません。でも、犬は素早く男性の元へ走っていって「楽しかったね」と尾を振っていました。競技の成績なんて二の次。犬は人間と心を合わせて行動することが楽しかった。犬と人間が種を超えた絆で結ばれていました。これならやっている人はたまらないでしょう、熱中する人は増えるに違いありません。

また、これまで訓練士にまかせていたのを、飼い主自らがしつけ教室に通って訓練の技術を身につけ、見事に成功している人もたくさんいます。病院でもそんな飼い主の一人がよく来ますが、そういう犬はどこか風貌に余裕があり堂々としていて「指示されても、僕は全部わかるんだもんね」というような優等生の落ち着きがあります。飼い主の方をチラリチラリと見ながら「はやく何か指示してくれないかなあ、指示してくれたら僕はその通りできるんだからね、見てよ先生」ってなもんです。こっちも、診察するのが嬉しくなってしまいます。

飼い主に関して言えば、日本ではレベルに差があり、知的探求心のある人はどんどん先へ進んでいます。たいていの事象は進歩すると底辺部分が引き上げられて全体がステップアップするものですが、日本のペット事情は勝手が違う。上ばかり引き上げられて、底上げされにくいのです。捨て犬・捨て猫が絶えず、無責任な飼い主は依然として存在してしまいます。

飼い主の意識改革も

この本を買ってくれた読者の人々はきっとペットが大好きで、知的レベルの高い人たちだと思います。本を買える経済的余裕もある恵まれた環境にいるでしょう。そうした人たちにぜひお願いしたい。日本のペット事情に関してもっと関心をもって接してほしいのです。今あなたが飼っているペットだけの話ではなく、日本のペット事情そのものに関してもっと社会的な関心をもって接すれば、約三十万頭も処分されるような現在のおかしな状態は改善されるはずなのです。

子供がいる親ならば、学校教育のあり方にはいやおうなしに興味を持つはずです。新聞や雑誌で教育問題が取り上げられたら熱心に読むでしょうし、地域の講演会に参加することもあるでしょう。親同士の口コミも盛んで、学校を取り巻く課題についても、議論は積極的に行われています。万が一、破廉恥セクハラ教師がいれば、マスコミなど世論が徹底的にやっつけて、自然にいなくなる。自浄作用が上手に働いています。

しかし、ペットに関しては、「好きな人が好きな所で勝手にやっている」程度で、問題が社会的に広がりません。「単なる個人の趣味の問題」で片づけられているところにつけ込んだ悪徳業者がはびこってしまう。

ペットの問題は命の問題です。命を大切に扱う社会であるかどうか、それが今、生きている人々に突きつけられた課題の一つではないでしょうか。そのためには飼おうと思っている人、今飼っている人、かつて飼ったことのある人がもう少し日本のペット事情に関心をもって、広く人々の身近な課題として取り上げて欲しいのです。

もっと多くの人が共通の課題として興味をもち、それをマスコミが取り上げることで、相対的に日本のペット事情も改善されるはずです。

人々の興味を得られないから、マスコミもセンセーショナルな獣医師の脱税やら医療過誤ばかり取り上げるようになる。取り上げるべきことはもっと他にあるはずなのです。しかし、マスコミばかりを責めるのもアンフェアでしょう。人々が関心をもてば必ず心ある人々が共感をもち、社会問題として盛り上がり、マスコミもスポットライトをあてる。光があたれば影の部分も明らかになって闇がなくなるはずなのです。

流通問題のイメージギャップ

ペットにまつわる「闇」というと、私は昔、ヤクザに脅されてひどい目にあった経験があります。ある紳士が土佐犬を飼いたいというので、ある人物の電話番号を教えました。その人がまた別の人を紹介して繁殖家に引き合わせた。私は電話番号を教えただけです。だいたい闘犬などの犬同士の戦いには大反対ですし、土佐犬が欲しいというその紳士が実はその道で有名な極道だなんて、当時は知るわけもありません。

しかし、紳士は次第に本性を表してきて、子犬が成長していくうちにやれ皮膚病になった、回虫が出たなどと執拗にクレームをつけてくるようになった。ブリーダーも姿をくらまし、怒ったヤクザは私を責めてきますが、もう、どうしようもない。彼はブリーダーにかなりの金額を支払っていたようで、私に莫大な損害賠償を請求するという。脅しのプロの攻撃というのは本当に上手で、なるほど一般の人が怖がるポイントを実にきちんと突いてくるなあと半ば感心しながら脅され続けました。警察も民事不介入とかで、全く相手にしてくれません。

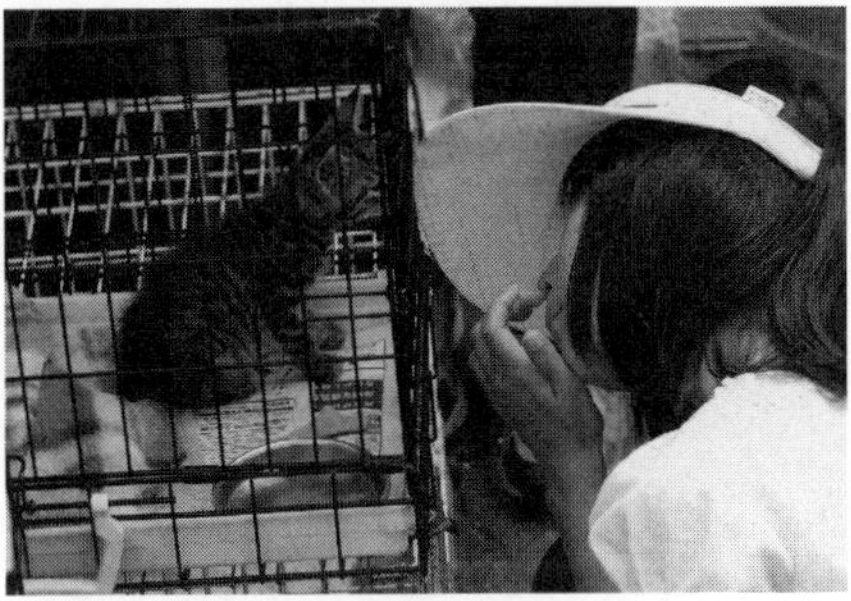

明るい将来のために正しいペット社会を

幸いなことに、その土佐犬は幼犬時代から非常に強く、競技に出すとかたっぱしから勝ってしまう。優秀な成績を収めることができて、ヤクザもこの犬が可愛くなってきたのでしょう。最初は引き取れと執拗に脅迫していたのが、競技に勝ち進むうちに私への攻撃も静まって、ぴたりと止んだ。私は犬に助けてもらったようなものです。

神奈川県では闘犬競技が動物愛護の観点から姿を消し、この事件も現在では笑い話となりました。普通の人がこうしたトラブルに巻き込まれる心配もありません。なのにいつまでもイメージの悪い闇を抱えているのはやはり、普通の人にわかりにくい組織や仕組みが存在するからなのでしょう。きちんと情報公開をしていれば、「闇」のイメージはなくなります。

多くの動物好きの人が流通や繁殖に関心を持ち、「闇」を追い払って、健全な日本のイメージを確立していこうではありませんか。

II 知っておきたいペットの法律

最高は「一年以下の懲役」「百万円以下の罰金」

ペットの問題が社会的に大きく取り上げられる契機となったのが、実に二十六年ぶりに行われたペットの法律改正でした。平成十一年十二月十四日に第百四十六回国会で成立し、翌年十二月一日から施行された、「動物の愛護及び管理に関する法律」がそれです。

昭和四十八年に制定された「動物の保護及び管理に関する法律」を改めて「動物の愛護及び管理に関する法律」と改定されました。「保護及び管理」から「愛護及び管理」へと名前が変わっています。

特に第二十七条では動物のみだりな殺傷、エサや水等を与えず衰弱させるなどの虐待及び遺棄に対して、罰則が大幅に強化されました。改正前は虐待及び遺棄をした人に対し、わずか三万円以下の罰金しか科せられなかったのが、殺傷した人には「一年以下の懲役又は百万円以下の罰金」と重くなりました。

さらに、罰則の対象となる「愛護動物」では爬虫類が追加されることになりました。水田でペットとして輸入された亀が大繁殖している例からも、爬虫類の追加は時流にあったものと言えるでしょう。

また、今回新たに「愛護動物に対し、みだりに給餌又は給水をやめることにより衰弱させる等の虐待を行った者は、三十万円以下の罰金に処する」「愛護動物を遺棄した者は、三十万円以下の罰金に処する」という項目が付加されています。愛玩動物とは、牛、馬、豚、めん羊、やぎ、犬、ねこ、いえうさぎ、鶏、いえばと及びあひる。そして、人が占有している動物で哺乳類、鳥類又は爬虫類に属するものです。

餌も水もやらずにほったらかしておくなんて、私から言わせれば、三十万円以下の罰金なんて生ぬるくて仕方がない。一億円だって安い程ですが、それでもこうして法律に明記されるようになったというのは一歩前進した証拠でしょう。命を預かる飼い主としての自覚を促しているともいえます。

以下、日常生活でありがちな事例を、法律に基づいて解説していきます。

ペットを拾ってしまったら……

あなたは家に帰る途中で猫に出会いました。昔飼っていた猫に似ていたのでたまたまもっていたお菓子をあげたら、しばらく餌を食べていない様子で一心不乱に食べます。人に慣れた猫で、頭をなでたら喉をゴロゴロ鳴らしながら喜んでいますが、どうやらどこかで飼われていたらしい。心配になったあなたは近くの家を訪ねて「この猫はどこの家で飼っていますか?」と聞いて回りましたがどこの家でも知らないという。日も暮れ、あいにく雨も降ってきました。仕方なくあなたは家で猫を保護することにします。

さて、保護したあなたにぜひお願いしたいのが、警察への届け出です。警察を通じて元の飼い主が見つかることも多く、またトラブルを防ぐためにも、近くの警察に相談して下さい。「七日以内に警察に届け出る」と、六ヶ月以降、その猫の所有権を法律上、主張することができます。

さて、警察に届け出たあなたは近所のミニコミ誌に広告を出したり、電柱に猫の写真と電話番号を書いたポスターを貼りました。知り合いの町内会長さんに頼んで回覧板でも回してもらったのですが飼い主は現われません。幸い、猫は家にすっかりなじんで、顔つきもふっくらおだやかになってきました。子供の頃に飼っていた猫の名前を呼ぶと「にゃん」と可愛らしい声で鳴く。どうやら自分の名前として覚えてしまったようです。こうなるとだんだんあなたは手放すのが惜しくなってきます。そしてとうとう六ヶ月が経ち、はれて猫の所有権は保護したあなたのものとなります。六ヶ月過ぎれば、猫は法律上、あなたのペットとして正々堂々と飼ってよいのです。

一方、もとの飼い主が六ヶ月以内に現れた場合、あなたが七日以内に警察に届け出ていたら、飼い主に対して謝礼（五〜二〇%）、経費（食餌代、治療費など）の両方の請求が可能です。そのためにもフードを買った際のレシートはちゃんと取っておきましょう。

もし、飼い主が「そんなものは払いたくない」と断った場合、あなたは引渡しを拒否することも可能です。しかしこの請求権は飼い主が現れた時から一ヶ月以内に限定されているので、注意が必要です。

犬を飼ったら届け出る

犬を飼っている人が守らなければならない法律もあります。

犬の所有者は飼い始めた日から三十日以内に保健所へ登録をしなければなりません。動物病院が窓口となって申請することもできます。申請を行うと鑑札が交付されます。これはきちんと登録された犬であることを証明する大切な札です。再発行するためには手続きが必要で、原則的に一生に一個だけしか発行されませんから（地域によっては有料で再発行も可能）、大切に保管しておくか、迷子札の代わりに首輪に着けるのもよいでしょう。

さらに毎年一回、狂犬病の予防注射を受けさせなければなりません。日本では狂犬病はここ数十年発生していません。しかし、それは関係者のたゆまぬ努力の結果、安全が保たれているのであって、世界中あちこちの国で発生しています。世界保健機構の調査でも毎年数万人の人が亡くなってしまうという恐い病気なので、必ず注射を受けなければなりま

届け出なしで飼うのはご法度！

せん。これは法律に明記された飼い主の義務です。

医療ミスにはどう対処すべきか？

ペットを獣医師に診療してもらうと、法律上、獣医師と飼い主の間に「診療契約」が結ばれたことになります。つまり、獣医師には命を預かる者として、また、動物医療の専門家としての責任と義務が生じます。いい加減な治療をしたり、適当に処置するのは「診療契約」の違反となり、犯してはならない罪なのです。

週刊誌などで騒がれているように、不幸にもあなたが獣医師の医療ミスに遭遇してしまったら、損害賠償を請求することが可能です。動物病院の管理や獣医師のミスを明確に証明できれば、あなたも正々堂々と病院や獣医師を訴えられる。

私も四十年以上、動物医療に関わってきましたが、現実的に、飼い主側が裁判で勝利できるケースは残念ながら少ない。明らかな獣医師のミスを証明するのが難しいのでしょう。といって、泣き寝入りする必要はありませんが、裁判ともなると訴えた側、訴えられた側双方ともに疲弊してしまうものです。不幸な結果に終わらないよう、第2章でも述べた通り、信頼できる獣医師を見つけて下さい。

裁判の事例を読むと、そのほとんどが飼い主と獣医師の間の情報交換や説明がきちんとできていない。飼い主がどうしたいのか、どうしてほしいのかを獣医師にきちんと伝えていない上に、獣医師も飼い主の意図をきちんとくみ取っていない。結果的に、両者の間がどんどんひろがって、誤解と猜疑心が高じて両者の関係が悪化する。最終的には情報が上手く伝わらずに不幸なミスや食い違いが生じるというケースがほとんどです。

もちろん、獣医師の側にミスが全く無いとは言い切れませんが、いやしくも動物の命を救いたいと獣医師になった人が、動物を死なせたいはずがありません。たとえ見込みの薄い状態だとしても、飼い主に「残念だったけど、この先生は最善をつくしてくれたんだな」と納得してほしいと願わない獣医師はこの世に一人もいないと断言できる。互いに不幸な裁判にならないためにも、飼い主は治療の内容や方針などを確認し、メモを取っておいて下さい。そして、何よりも信用できる病院で診察を受けてほしいのです。「仕方がなかった」と納得できる死であるかどうかは、その後のあなたの心の負担に関わってくる重要な問題の一つでもあります。

ペットの死に関しては次章で詳しくお話ししましょう。

猫屋敷もご法度

やや長いのですが、以下の「動物の愛護及び管理に関する法律」を少し読んでみて下さい。

第三節「周辺の生活環境の保全に係る措置」の第十五条に「都道府県知事は、多数の動物の飼養又は保管に起因して周辺の生活環境が損なわれている事態として環境省令で定める事態が生じていると認めるときは、当該事態を生じさせている者に対し、期限を定めて、その事態を除去するために必要な措置をとるべきことを勧告することができる」とあります。

また、「都道府県知事は、前項の規定による勧告を受けた者がその勧告に係る措置をとらなかった場合において、特に必要があると認めるときは、その者に対し、期限を定めて、その勧告に係る措置をとるべきことを命ずることができる」。「都道府県知事は、市町村（特別区を含む。）の長（指定都市の長を除く。）に対し、前二項の規定による勧告又は命令に関し、必要な協力を求めることができる」。

さて、この法律は何を意味するでしょう、ズバリ、分かった人はきっと猫が好きな人ですね。あるいは、近所に多頭飼育の家があって被害を被っている人でしょうか。「猫臭くてたまらない」「鳴き声で眠れない」「毛が飛んで汚い」などなど、全国各地で多頭飼育による苦情が増えています。欧米でコレクターと呼ばれる多頭飼育者は罰則を科されても何回でも繰り返す傾向にあります。米国では一種の精神病として認定され、定期的なカウンセリングを受けることが義務づけられていますが、日本ではまだそこまで行っていません。

なぜ、コレクターになってしまうのでしょう。最初は単なる猫好きな人でした。それが一頭、二頭と拾ってくるうちにどんどん繁殖してしまい、目立って増える。そうなると、今度は心ない人々が「あの家に持っていけば猫を育ててくれるだろう」「捨て猫を拾ってくれる家だから置いていこう」と家の前に捨てていく。それを見逃すことができずに拾ってまた餌をやる……この繰り返しで、家中それこそ猫を踏まないと歩けないような「猫屋敷」にしてしまった女性がいました。ここの往診はすざまじかった。

私は臭いには他の人より強いのが自慢ですが、この時は脳髄をかち割られたような強烈な糞尿の臭いで目の前が一瞬、暗くなりました。冬でこれですから、夏はご近所の家々はさぞかし不快だったことでしょう。

家の中に入ろうにも畳も廊下もベタベタです。どうやら餌を畳の上にばらまいて食べさせているようで、糞尿とカリカリのフードが混ざって泥沼と化しています。仕方がないので靴のまま上がろうとして叱られてしまいましたが、正直、その後、靴を履く時には靴下を脱ぎました。靴下のまま靴を履いたら中がドロドロになってしまうからです。

こんな狭い場所にギチギチに詰め込んで、猫は幸せなのでしょうか。検査の結果、全員が皮膚病にかかっていました。これはもう、正真正銘、虐待です。

今回の法律改定でこうした「猫屋敷」に司法の手が入ることができるようになりました。人間が適正に管理できる動物の頭数には限界があります。本当に猫が好きだったら、一頭一頭の猫を大切に飼う気持ちがあれば、飼育する頭数はある程度までにおさえられるはずです。この法律では、飼い主の管理下において近隣の迷惑にならないようにきちんと飼いましょうと主張しているわけです。

以上、簡単な法律解説でしたが、要は――ペットを飼う人は責任を持って最後まで飼いましょう。飼う以上はペットの性質に合った環境で十分な餌をやり、近隣に迷惑をかけないようにしましょう。たった、それだけの話です。

ペットの気持ちになって、ペットが喜ぶことをしてあげたいな、そう想像力をはたらかせれば、誰もが簡単にできることばかりです。法律に明記されているのは最低限、守らなければならないことだけ。それすら不可能であるならば、あなたに動物を飼う資格はありません。

Ⅲ なぜ「しつけ」が必要なのか

では実際にペットを飼う時、獣医師の立場から「こうした方が良い」という飼い方について紹介してみます。犬と猫の両方について一つずつ、本当に必要最低限のアドバイスをあげます。「なんだ、ずいぶん簡単じゃないか。そんなこと常識だよ」と思ってくれれば結構です。

猫は家の中で飼う。

犬は最低限のしつけをする。

この二つです。すでに実践されている人はこの項を飛ばして下さって結構。でも、犬に関しては我が儘で困っている飼い主は案外多いのではないでしょうか。

猫は家の中で飼う

まず猫ですが、「家の中で飼う」というのが最も幸せで正しい飼い方であるという認識がすでに広まっています。よく、「外に出さないと可哀想じゃないか？　猫も外へ行きたいんじゃないか」と聞かれますが、小さいときから家の中で飼われている猫ならば、ストレスを感じません。特に交通事故を防ぐ観点からも、暖かで安心できる家の中で一生を過ごすのが、猫にとっても幸せな飼い方だと私は思います。

猫は慣れれば広範囲の運動は必要なく、上下運動で満足できる動物です。タンスの上や冷蔵庫の上など、ちょっと高い所にスペースを作って下さい。また室内飼いは運動不足になりがちなので、遊びの時間はたっぷりと。飼い主とコミュニケーションがとれていれば、猫は狭い家の中でもストレスは感じません。さらに家の中で糞尿の始末をすれば、近隣の迷惑になることもありません。「猫は室内飼い」をお薦めします。

犬は最低限のしつけをする

犬のしつけの重要性を語る前に、犬の性質について少し説明したいと思います。

しつけをすればドライブも楽しめる

もともと犬は集団で生活していた生き物です。絶えずトップの座にいるリーダーを意識して生きてきました。犬はリーダーが誰であるかを認識してリーダーの指示に従って行動しなければ安心できません。したがって、犬を飼う場合は、飼い主がきちんと「自分がリーダーである」という点を教えてあげなければならないのです。

横暴で我が儘な犬の行動をアルファー症候群といいますが、アルファーになるにはそれなりの理由がある。すべてが犬優先の生活であったり、人間がいつも犬の顔色を窺うようでは犬は自分がリーダーであると勘違いしてしまいます。

私は動物病院のトップの立場にいますが、トップの責任は大きい。社員の生活を支えるためになるべく多くの給料を支払わなければならないし、あらゆる重要な判断は自分が下す。リーダーは疲れるのです。ピリピリ神経を尖らせることだってあります。

犬が家族の中でリーダーになったら、私と同じように、かなり辛い毎日を過ごさなければばならないでしょう。例えば群れの中にいる人間が犬の座る場所に勝手に座ってしまった場合、犬はリーダーとして座っている人間を引きずり降ろすか、威嚇してくるでしょう。また、自分の好きなおやつをくれない時は、くれるように吠えるかお茶碗をくわえて走り回らなければなりません。それがリーダーとしての務めだからです。

リーダー犬の負担を軽く

留守番の時はもっと大変です。自分に断りなく群れが移動するわけですから、これは心配になります。自分が責任をもたなければならないのに、責任を果たせない辛さ。家中をぐるぐる走り回って抗議しなければならないのです。

犬がリーダーになってしまうと、負担が大きいのです。今からでも遅くはありません。可哀想なリーダー犬の負担を軽くしてあげましょう。つまり、主権を犬から飼い主であるあなたに移動するのです。

移動するやり方はいろいろあります。効果的なのはやはり餌。誰が餌をくれるのかを認識させるために、一定量を一度にあげるのではなく少しずつ与える。もしくは、家族という群れの中で一番弱い存在、例えば小さなお子さんに餌やりをさせると、小さな子よりも自分は下位にいるのだと認識できます。

また、日常生活の中で、「お座り」など、簡単にできる指示行為を絶えず人間が犬に命令するのもよい方法です。最初は命令を無視することもあるでしょうが、根気よく指示して下さい。

さらに、狼のリーダーが下位にいる狼にやるように、後ろから羽交い締めするように抱いてマズル（口元）を固定する方法も効果があります。

日常のちょっとした動作にも気を付けて下さい。ペットを飼うと誰でも抱っこして頬ずりしたくなるものですが、動物の手足を人間の身体に密着させながら動物を抱き上げて人間より目線を高くするような抱っこは要注意です。「自分の方が上位なのだ」と動物に誤解させてしまう恐れがあります。

遊びの中でもちょっとした注意が必要です。飼い主が犬に誤解させるような遊びをしてはいけません。布や玩具のひっぱりっこは犬の大好きな遊びですが、ここで人間が負けるような仕草をしたり、犬に玩具を与えて終わりにさせてしまうと、犬は「主権は自分にある」と誤解してしまいます。遊びが終わったら玩具は犬が見える高い場所へ飼い主が置いて終わりにすること。特に子犬はひっぱりっこが大好きです。遊ぼうよ、と、誘われても何回かに一回は「私は気分が乗らないから遊ばないよ」というつれない態度をとれば、犬は「今、この人は遊びたくないんだ」と我慢してくれます。この我慢が大切で、アルファーになってしまうと我慢ができなくなってしまい、かんしゃくを起こして咬みついたりのしかかったり、力で相手を征服しようとしてしまいます。

優しい飼い主ほど疲れた時や忙しい時でも犬に付き合ってしまいがちですが、何でもかんでも犬に合わせる必要は全くありません。夕食を作っている最中、犬がせがんだら「今はご飯を作っているからダメよ」と優しく断ることも犬にとって大切な教育です。そのかわり、手の空いた時に、存分に遊んであげればよいのです。主導権は人間にあるのですから。

木枯らしの吹きすさぶ朝、あなたは熱が出てどうしてもベッドから起きあがれなかった。犬の散歩に行かなければならないのに、どうしよう。そんな時は無理をしなくてもいいのです。頭が割れるように痛かったり、お腹が痛いのを我慢して犬の散歩をしては、人間の病気が悪化してしまいます。風邪を悪化させて長引かせてしまったら、犬は散歩を一回休むよりも長い期間、散歩や遊びを我慢しなければなりません。もし、大好きなあなたが死んだら、犬はどんなに悲しむでしょう。何がなんでもペット最優先ではありません。時と場合によっては犬に我慢を強いるのも仕方がないのです。

このほか、アルファー症候群を解消させるためのやり方についてはいろいろな専門書が出回っています。普通は「お座り」「待て」「止まれ」の三つができれば充分です。何か突発的な事件があっても、犬が人間を攻撃せず、いつでもコントロールできればよいのです。

犬の攻撃はリーダーとしての役目です。咬みつくのは犬にとって「咬みつかなければならない義務」を遂行しているのです。どんな犬でも咬みつくには咬みつくなりの理由があります。理由を知ればなるほどと納得できる話ばかり。しかし、犬にとっては道理でも、人間社会では子供や女性を咬んではいけないのです。あなたが普通に歩道を歩いていて、いきなり向こうから犬が襲ってきて咬みついたら、安心して社会生活をいとなむことができません。そうならないよう、しつけるのが飼い主の社会的責任です。

何回も繰り返しますが、リーダーの役目は犬にとっても負担が大きいのです。どうかリーダーの役目は人間に任せて、犬はリーダーに従属して安心してのんびり穏やかに暮らせるように、人間が助けてあげて下さい。

我が家のやんちゃな飼い犬マリア（シェットランドシープドッグ）を知っている人はわかるとおり、私は何がなんでも犬を人間の言うなりにさせようとは思いません。最低限、飼い主がコントロールできるだけのしつけができれば結構。ちょっとだけおとなしくできれば飼い主と公園で仲良く散歩もできるし、最近流行のドッグカフェでコーヒーを楽しむのも可能です。おとなしく座っていることができれば、通りかかるみんなから「おりこうね」と撫でてもらえるのがわかった犬は、いつでもおとなしくしていられるでしょう。また、飼い主が危険を察知した時に発する「待て」「止まれ」の合図を理解できたら、事故の被害を最小限に防ぐことができます。しつけができていれば、もっと犬が公共の場に進出できるのです。今からでも決して遅くはありません。犬と人間の主従関係をはっきりさせて、犬の混乱を取り除いてあげましょう。

散歩の効用

散歩は犬にとって重要な仕事のひとつです。自分の住んでいる周りの情報を散歩で確認して、あちこちにマーキングしながら歩きます。散歩途中の糞便の始末はすでに社会の常識です。私など、ウンチをいれるビニール袋を持たずに歩いている飼い主については「あれれ、あの人はルール違反しているよ」と批判的に見てしまいます。

横浜市旭区では「飼い主は犬の糞を始末しましょう」というキャンペーンを行って、飼

小さい頃のしつけが肝心

い主に便をいれる袋を配布したり、糞拾いのイベントを行っています。最近ではほぼ徹底されており、小学生ぐらいの小さな子供でも手提げにスーパーの袋や小さなシャベルを持って散歩をしています。犬の飼い主が社会に受け入れられるためにも、公共の場を汚さないというルールは徹底すべきでしょう。都市部ではすでに常識です。

犬が積極的に嗅覚を働かせるとホルモンの働きが活性化され、元気と若さを保てるという論文を読んだことがあります。散歩をしている犬とそうでない犬の寿命を調べると、大きな差が出るそうです。犬は他の動物に比べると嗅覚が発達しています。発達した機能を有効に働かせるためにも、散歩は毎日必ず行って下さい。

犬のために良いだけではありません、毎朝の定期的な運動は飼い主の若さと体力増進にも役立ちます。また、飼い主同士のコミュニケーションも楽しいもので、誰もが平等に犬のパパとママ。「マリアちゃんのパパ」とか「モモちゃんのママ」として仲良くなることができます。

私の友人など、現役時代こそ若い秘書と話ができたものの、定年退職したら女性と話をする機会がまったくなくなってさびしい毎日を送っていたそうです。それが犬と散歩をするようになってからは、小学生から「さわらせて」と声をかけられる。おまけに若い女性の連れている犬と仲良しになってくれて、会うたびに犬同士がじゃれあってくれる。おかげで、毎朝彼女と会うのが楽しみだと言っていました。犬を連れていなければ、小学生が声をかけてくれることもないでしょうし、若い女性と朝の挨拶を交わすこともないでしょう。これも、友人の犬が誰とでも仲良しになってくれて、子供たちから何をされても攻撃しない、性質の穏やかな犬だからです。そうした温厚な犬に成長したのは、友人が愛情深く世話をし、可愛がっているからです。きちんと社会生活を送ることができる犬としてしつけられたからこそ味わえる散歩の醍醐味です。

「芸」は見たくない

しつけの程度についてはいろいろな意見もあるでしょうが、私自身は動物をギチギチに管理した上、「芸」までさせるのは嫌いです。これはあくまでも私の好みの問題であって、他人にそれをおしつけるつもりは全くありません。

アシカや猿、ゾウなど野生動物の「芸」に対してはいつも苦々しく感じてしまいます。猿に反省させて何が面白いかと。犬もあまりにも訓練しつくされて完璧だと、その裏でどんなに辛く厳しい訓練があったかと想像するのが忍びない。動物の芸に対して平気で「面白い」とか「楽しい」と素直に拍手喝采できないのです。

同様に、動物を使った映画やテレビ番組にも平静ではいられません。この場面を撮るためにどんなに時間をかけたのだろう。何回も失敗してしかられたのではないだろうか。失敗のあげく叩かれたり、ケガをしていたら……心から楽しめない。だから動物が出てくるコマーシャルやテレビ番組はあまり見たくないのです。

漫画家・長谷川町子さんは弟子入りするため、田河水泡に漫画日記を見せたそうです。その中の作品のひとつが「舞扇《まいおうぎ》　猿のなみだのかかるなり」という句とお正月に玄関で芸をしている猿の漫画でした。お正月の晴れがましい風景の中で、扇を持って舞う猿の芸のせつなさ。猿は厳しく芸を仕込まれて泣きながら芸をするのです。田河先生も若い長谷川さんの才能を看破して、弟子入りさせたのでしょう。

訓練は辛くない

「芸」と「訓練」は別です。今ではほとんどなくなりましたが、昔の訓練は力で押さえつけるやり方が主流でした。新聞紙を丸めて棒状にしたものを使うことが多かったのですが、飼い主が使うのは普通の丸めた新聞紙で、訓練士のものには中に固い芯が入っていたと聞いたことがあります。犬は丸めた新聞紙を見ると痛い記憶がよみがえるので、飼い主の言うことをきく。恐怖で犬を支配していました。短期間で効果は絶大でしたが、犬と人間の信頼関係は生まれません。上目遣いでいつでもビクビク顔色を窺うようです。これでは絆も何もあったもんじゃない。

現在の犬の訓練は、犬が人の指示する行為をするのが楽しくなるようなしつけ方をしてくれます。それぞれの犬の個性を見分けながら優しく教えてくれるので、飼い主も安心。優秀な訓練士と出会ったら、プロにまかせるのも一つの方法です。

以前、警察犬の訓練士が言っていました。「先生、優秀な警察犬は何もしなくても自分から積極的に学んでいくんですよ。そして、学んだことを活かして、捜査に協力するのが楽しくて楽しくてたまらないんです。この車に乗ると捜査に行けると分かって、車を犬舎に近づけるとみんな大喜びですよ。自分が現場に行けると分かるともう、自慢げに他の犬を見る。逆に連れていってもらえないと本当に寂しそうな顔をするんです。うちには日本一の警察犬がいますが、一つ教えるとすぐに飲み込んで次は何？　ねぇ、次は？　という感じでどんどん憶えてしまい、かえって、私の方が次に何を教えなければならないか、勉強しなければならなくて大変でした」と。うらやましいような話ですが、もともと犬には勉強したい、訓練して欲しいという欲求があるようです。その欲求を満足させてあげるのも飼い主の役目かもしれません。

しかし、よい訓練士ばかりではありません。以前、飼い主から「訓練所に預けたら、その大型犬にかみ殺されてしまった」という相談を受けました。訴えたいのだが、どうしたらいいかと泣きながら病院に来られました。とんでもない事件ですが、うわさに聞くかぎり、こうした訓練に伴うトラブルは少なくない。

訓練士の選び方は獣医師の選び方と同じです。あなたが人間的にその人を信頼できるかどうか、そして訓練の実績を見て下さい。訓練所の様子を見学して体験入学させるのもよいでしょう。

俗に、犬や猫は三歳児並の知能があるといわれています。三歳児であれば、言葉ではっきり表現できないまでもかなり高い知能をもっています。誰の言うことを聞いたらよいのか、相手が怒っているのか喜んでいるのか、自分が何をしたら楽しいのかが判断できます。人間が指示したことを理解できれば犬自身も楽しい。また、指示した通りのことをやってみせて、人間に誉めてもらったらもっと嬉しいのです。やり方によっては、しつけや訓練も犬にとって辛くて嫌なことでは決してありません。「訓練なんて可哀想に」と言うあなたの犬の方が知的満足感を得られない、可哀想な犬なのかもしれませんよ。

また、三歳ぐらいの子供は欲求心が芽生えたばかりで、自分の欲望を上手くコントロールすることができません。遊びたいと感じたらずっと遊んでいるし、食事の時間になっても「身体のために食事を摂ろう」などとは考えない。また、その食べ物がおいしかったら、ずっとそればかりを食べ続けたいのです。おいしいおやつの味を覚えたら普段のフードを食べなくなってしまいます。

犬の行動や習慣で何かわからない点が出てきたら、三歳児の親の身になって考えてみると案外解決の糸口が見つけられるものです。

Ⅳ　当世野良猫事情

野良猫から地域猫へ

猫は室内飼い、犬は訓練およびしつけ――これがこれからの飼育のキーワードです。さらに、今後、ペットと人間を取り巻く問題として浮上してきそうなのが「野良猫」の問題です。これまではペットを飼っている人だけの問題でしたが、野良猫問題はペットを飼っていない人にも広く関わってくる問題です。

日本動物福祉協会にはひっきりなしに野良猫の残虐死体のネット画像についての苦情や問い合わせが来ます。どれも野良猫の死体で、こんなものを平気でネットに載せる人の気がしれない、というか、これはすでに異常な犯罪です。

協会ではこうした画像を削除してもらうようにプロバイダーに申し入れしていますが、やってもやっても次から次へとアップされて、完全に防ぐことができません。

カリフォルニア州では動物虐待は殺人や凶悪犯罪への第一歩であると認識して、虐待した人間のリストを作り、二度と彼らが動物を飼わないように監視しています。さらに虐待が発覚すると、一定期間はカウンセリングを受けなければならない義務を負います。

日本でも、神戸幼児殺傷事件で十四歳の少年が野良猫を殺してその舌を切り取って瓶詰めにしていた例があります。私はこの分野に詳しくないのですが、動物を虐待する人はいつか人間へと刃を向ける傾向があると聞きました。逆に、動物虐待を防ぐことは、こうした犯罪の防止に繋がるのではないでしょうか。飼い主を含め、動物に関係している多くの人がこの問題に真剣に取り組む必要があるのではないでしょうか。

では、虐待を防止するためにはどうしたらよいのか、解決の方法の一つは虐待できないように動物を保護すること、つまり動物を虐待者に近づけなければよいのです。簡単に手に入るから簡単に虐待が生じる、ならば野良猫を手の届かないところで保護すればよいのです。手の届かないところというのは誰かの所有物にすることです。

あなたの猫が傷つけられたらあなたは正々堂々と相手を訴えることができるでしょう。不当を世間に広め、「私の猫が傷つけられたから、あなたの家の猫にも気を付けてね」と情報で防御できます。

では、野良猫のように所有権がはっきりしない動物はどうすればよいのでしょうか。野

ワタシの飼い主は「地域」です

良猫は外で暮らす「地域が所有する猫」として認識しようという動きがあります。横浜市磯子区では野良猫を「地域猫」として大切に飼育しています。

増えないように避妊・去勢手術がなされ、猫の特徴を表した目印をきちんとつけ、ボランティアが定期的に餌場を管理して可愛がられています。家で猫を飼えない子供たちにも大人気で、こうした幸せな猫のいる地域は日本でも最も住みやすい街なのではないかと思っています。

地域猫として登録されていれば、万が一、虐待されて傷つけられても地域の所有物の傷害事件として調査できるし、虐待者もうかつに手を出せないでしょう。「地域猫」の活動が全国に広まれば、動物虐待も減っていくと思うのですが、実際、誰がリーダーシップをとるのか、避妊・去勢の手術代をどこが負担するかなどなど、問題や課題が山積しており、なかなか進まないのが現状です。日本動物福祉協会にも動物虐待についての苦情や問い合わせは増える一方です。

餌を与えると増える

地域猫活動が難しかったら、せめて野良猫を増やさないようにしようというのが「虐待防止水際作戦」の第一歩です。兵藤動物病院にも心ある人々が野良猫を連れてきて、避妊・去勢の手術をさせています。横浜市では定期的にこうした猫の手術に対して補助金を出す制度がありますが、それも焼け石に水、という状態。野良猫の手術では縫った糸が身体に自然に吸収される糸を使いますが、これがまた非常に高価なのです。病院はボランティアでやっているようなものですが、それでも不幸な子猫が産まれるよりはと、スタッフ一同、文句も言わずに仕事をしています。

野良猫が増える一因は、野良猫に餌をあげる人が増えたからだと私は見ています。昔は栄養状態も悪くて発情は年に二回あればよい方だったのが、キャットフードを与えられた野良猫は栄養状態が良く、年三回も発情する猫すら現われました。どんどん子供を産んでしまいます。

私は「子猫が増えてかえって可哀想だから、あげないで下さい」と、これまで餌やりに絶対反対してきましたが、もう、現状では禁止するのは難しい状態です。

餌を与えているのは多くの場合、心優しい人たちで、自分の生活費を切りつめてまで猫の餌を買う人すらいる。そういう人に「餌やりをやめろ」という自分が人でなしの気分にさせられます。あげたい気持ちは痛いほど分かります。でも、やっぱりあげて欲しくないのが本音です。長い目で見てかえって動物と人間の為にならないからです。そして、虐待の原因にもなってしまう。

餌やりには矛盾もあって、あるボランティアは「餌場に来るのは野良猫だけではなく、明らかにどこかで飼われている猫も多いのです。飼い猫は栄養状態が良いので強くて、弱い野良猫を追い散らして餌を占領してしまって困ります」と言っていました。私が「猫は家の中で飼う」と強調する理由はここにもあります。

本当に猫が可哀想だと思ったら、野良猫を自分のものとして飼って欲しい。少なくとも避妊・去勢手術がされていない猫に無責任に餌だけを与えるのはやめてもらいたいのです。

V　現代医療最前線

町医者か、大学病院か

最後に、動物医療の現状と今後について私なりの視点から考察していきます。

まず、動物医療は今後ますます技術開発競争が進み、より高額で高度な医療サービスに対するニーズは増えるでしょう。ＭＲＩ（磁気共鳴画像診断装置 magnetic resonance imaging）、ＣＴスキャン（コンピューター断層撮影装置）などなど、人間で利用される医療技術がどんどん活用されて、より高度な医療サービスがうけられるようになる。動物が治療時に苦痛を感じることなく処置に専念できるようなペインクリニックなど、人間の医療技術が応用されてきます。私が病院を開業した時には猫の糖尿病など考えられなかったのですが、今では血糖値管理のマニュアルが普通に出回っています。飼い主がインシュリンを猫に投与するのもあたりまえの光景です。技術がどんどん進み、動物病院でより高度な医療サービスが受けられるようになるのは間違いありません。

少子・高齢化が進み、ペットが家族の一員としての位置を獲得するにつれ、こうした高度な医療を積極的に利用して高額でもペットのために治療をしてやりたいと思う飼い主は増えています。ペットグッズも同じで、より高価な商品から売れていく。こうした消費者のニーズにこたえられる医療機関が求められています。

一方、小規模の「町の犬猫病院」も増えています。単なる治療の場ではなく、地域に溶け込み、近隣の飼い主のコミュニケーションの場として親しまれ、必要な病院です。人間の病院でいえば町の診療所といったところでしょうか。こうした町の先生は何の病気でも診るけれど、専門的な治療機械や検査装置はもっていません。そのため、高度な治療が必要な場合は、自分の卒業した大学病院を紹介する、そして薬は町の病院で受けとる。このように、病院の二極化が進むでしょう。

私はこれは非常によい傾向であると思います。

人間だって風邪ぐらいなら、かかりつけのクリニックで済ませる。ちょっとおかしいな、精密検査をしなければいけないかな、という時はクリニックの先生が大きな病院を紹介してくれるでしょう。そこでも診断できないと大学病院へと行く、そんな病院の選択ができています。今後、動物医療も同じように手軽なクリニックと大学病院、そして猫専門、エキゾチックアニマル専門、皮膚病専門などなど、それぞれのニーズに合った専門医療の場が登場してくると予想しています。

規模や専門だけではありません。最近は化学治療をやめ、漢方や鍼、ホメオパシー（ハーブを使った治療方法）、ホリスティック医療などをとり入れるクリニックも登場しました。即効性はないけれど、動物の自然治癒力を高め、免疫力をアップさせて病気を治すという動物病院も出てきています。飼い主にとっては選択肢が増え、また競争が激しくなれば、病院同士がサービスの向上を目指してよりレベルアップします。

高度医療の光と影

兵藤動物病院は土地・建物・設備すべて減価償却していますから、病院の運営コストは治療薬の購入と光熱費など維持費、そして人件費だけです。貯金が無いかわりに借金もないから、規模を縮小させれば最低限、食べていくだけはできます。したがって馬鹿げた治療代を飼い主に請求しなくても十分やっていけるのです。

しかし、これから新しく動物病院を開設しようとすると大変です。土地・建物を借りて設備を購入して……治療費はある程度、コストに見合ったレベルにしないと運営していけません。さらに専門に特化すると、どんな飼い主でもよいというわけにはいきません。皮膚病専門医は皮膚疾患以外の患者を断わらねばならないでしょう。その代わり、よい先生という評判が広まると全国各地から飼い主が集まってきます。

一件あたりの治療費単価は必然的に上がります。MRI装置だって一台何千万円もする。償却するためには病院を正しく運営していかなければならないのです。動物病院経営者はよりマネジメントの能力を求められます。私が危惧するのは、こうしたマネジメント優先の動物医療が進展した結果、飼い主の経済的な負担が増していく危険性があるのではないかという漠然とした不安です。

つまりこうです。三十年前の話になりますが、近所の知り合いが私のところへ犬を連れてきた。皮膚病で頭の上がちょっとだけハゲちゃって見栄えが悪いので、飼い主が診察に来たのです。いろいろ検査をしてみましたが、どうも原因がわからない。しばらく通ったけれど、まあ、犬も元気だし食欲もあるし、ちょっとハゲたぐらいだから、様子を見ましょうよ、ということになった。飼い主も軟膏一本を持って帰りました。その後、たまに散歩をしているのを見かけましたが、同じところがずっとハゲていて、自分の未熟さを責められているようで心が痛んだものです。でも、飼い主がそれで納得してくれたおかげで、特に何事もなく、無事に天寿を全うしてくれました。

もしこれが高度に発達した近未来だったらどうでしょう。どっさり検査されて徹底的に原因を追及されたあげくに、抗生物質だの栄養剤だのおまけに皮膚に良いドッグフードや犬の毛に優しい健康マットを試されて、ハゲの治療を追求していく。やればやるほど上限がない。治療代は天文学的な数字に膨れ上がってしまうでしょう。

そうなるのを防ぐためには、動物にとって現在の状況がどうなのかを見極めることです。主体性無く治療を続けるときりがない。これからの飼い主はペットとの生活に関してもっと「主体性」と「判断力」が求められるでしょう。

もちろん、ハゲが何らかの重篤な病気の前兆かどうか、検査をした上での判断ですが、犬にとってちょっとだけ見端《みば》の悪いハゲは不幸なのでしょうか。ハゲがあると生活に支障があるのでしょうか。元気でおいしくご飯を食べて、元気に散歩ができればハゲは「飼い主にとってみっともない」だけであって、犬にとっては重大な事件ではないのかもしれませんよ。

これから医療技術はますます進んでいくでしょう。発達した医療の恩恵を受けるのは結構ですが、果たしてそれが本質的に動物の為になっているかどうか、飼い主にはその点の判断をますます迫られるようになります。

私はある飼い主から「この子は枯れるように死なせてあげたい」と言われたことがあります。じゃかじゃか薬づけにして、点滴を受けて水分の多い状態で死ぬよりは、何もせず、自然のままあるがままにころりと死なせてあげるのがこの子のためなんです、と。「三度の食事よりお散歩が大好きだったのに、それもできなくなってしまっては何の楽しみもありません」と、ある段階で治療を拒否する飼い主もいました。それはそれで大変立派な態度だし、その子にとっては飼い主の選択も正しいでしょう。「枯れるように」というのは死を迎える時の名言だと思っています。私自身もそうありたい。飼い主が「枯れるように」を希望するのならば、私はそのように薬も処方しますし、積極的な検査や治療を押し付けません。

深刻化する「介護」問題

しかし、最近はなかなか「枯れるように」死ぬのは難しくなってきました。先日、保健所に勤務する獣医師と話をしたのですが、最近、都市部では野良犬が減り、代わって家で介護できなくなった高齢犬・猫を保健所に連れてくる飼い主が増えているそうです。

「兵藤先生は保健所に介護動物を持ってくるなんて残虐非道のひどい家族だと思うかもしれませんが、話をよく聞くとそうでもないんですよね。大型犬が多いのですが、とても介護が行き届いていて、寝たきりでも栄養状態は良い。でも痴呆になって真夜中に遠吠えをしてしまったり、糞尿を垂れ流す。家族も最初はきちんと介護しているのですが、食餌や世話に振り回されて疲弊していく。おまけにご近所から『あの家の犬はうるさい』とか『あんなに吠えさせて虐待しているんじゃないか』と、陰口をたたかれる。病院では高い薬をごっそり買い続けなければならなくて、経済的に負担が増え、仕方がなくウチに連れてくるんですよ。猫の場合、飼い主は老人がほとんどで、『私は明日から入院していつ退院できるかわかりません。野良猫として生きることもできませんし、新しい飼い主も見つかりませんでした。どうかこの子を引き取ってください』と泣きながら手渡されるんです。今の先生（若い獣医師）は安楽死をしてくれませんからね」と。

私はそれを聞いて、愕然とした。そこまで家族を追い込んでしまった獣医師は何たる怠慢。自分だけ安楽死処置をしないでよい顔をして、ツケはみんな行政・保健所へもっていく。そのうえ、薬を出すだけなんて酷いじゃないか。ＭＲＩだＣＴスキャンだと設備ばっかり整っているだけで動物のための医療をしていない。還暦過ぎて怒ることが少なくなったのですが、保健所で話を聞いた晩はしばらく寝付けなかった。そして、動物介護問題はこれからもっともっと深刻になるだろうとつくづく感じました。

保健所につれてこられた高齢動物の最期を想像すると無残です。どうして納得できる最期を迎えさせてあげることができないのでしょうか。それは獣医師の役目なのではないかと憤りを覚えずにはいられません。

獣医師は生かす職業です。元気で楽しく毎日を過ごすために、医療でサポートするのが獣医師です。しかし、その動物に見込みが無かったら、飼い主の最後の手段として選択肢がなくなってしまったら、安楽死処置を施すのも私は獣医師の役目であると考えています。私はどんなに非難を浴びようとも安楽死を否定しません。隠しもしませんし隠れもしません。それが動物のためになるのだったら、最終的にそれしか方法がなければ、これからもやるでしょう。もっともっと科学が発達して、将来、もっと良い方法が出てくるのを願いつつ、次章では動物の「死」について考えていきたいと思います。

第4章 幸せな思い出を永遠に——死の環境変化

I　飼い主として「最期」を考える

死を迎える準備

医療関係者が死について語るのはどこか後ろ暗いイメージがありました。獣医師は動物を治す立場にいるもので、死は病気やケガに負けた証拠、そんな考え方に支配されていて、死を迎えるための飼い主へのアドバイスが遅れてしまったきらいがあります。また、死に対する考え方もペットが普及する前と後では大きく差があります。昔の大家族中心の社会では身近に死をいくつも体験しました。疫病や事故、戦争などで多くの人々が死と隣りあわせに生きてきました。死に対するアレルギーは少なく、死は忌避すべきものではなかったのです。

といって、可愛がっている動物に対する死を悼む気持ちが薄かったわけでは決してありません。北野武監督の自伝を基にしたテレビドラマの中に面白いシーンがありました。ある日、兄が婚約者を連れてくることになりました。貧しい一家は精一杯、婚約者をもてなそうと、武君の姉が可愛がっていた鶏を殺して料理してしまいます。肉料理に武君は大喜びで、母親は婚約者をもてなそうと張り切っていますが、姉は食卓でしくしく泣いてしまいました。心に残るシーンですが、人間が生きていくにはこうした多くの犠牲が存在するのだという重たい事実を突きつけられる場面であるとともに、泣いてしまったお姉さんの気持ちに痛いほど共感できました。

しかし、核家族化が進んだ現在、死は病院の中だけの特殊な出来事となっています。ましてや、食用動物の生前の姿など想像できません。肉はパックにしてスーパーで売られている商品なのです。私は現場にいて、動物の死を受け入れにくい飼い主が昔に比べて増えているという気がします。それはペットが家族の大切な一員として重要な位置を占めるにつれ、深刻化しています。「ペットロス症候群」という言葉を聞いたことがある人もいるでしょう。ペットの死が耐え難い精神的苦痛となって立ち直れない人もいます。私としては動物の死が悲しくてペットロスになるのは当然であり、ペットロスにならない方が異常だと言いたいところですが、社会問題としてマスコミに取り上げられるようになっては、獣医師として放っておくことはできません。

これからは、飼い主も獣医師も動物が元気な時にこそ、よりよい死を迎える準備が必要だと思います。

動物の側から死を見る

よく「動物は死ぬから飼いたくない」という人がいます。動物はどれも大好きだけれど、死んでしまうのがかわいそうだ。自分の不始末で死なせてしまうのは怖いし、逃れられない突然の死に遭遇した時、自分はそれを乗り越えられるかどうかわからない。だから、動物を飼いたくない、そういう人です。

私はそうした想像力がある人は尊敬するし、動物にとってはすばらしい飼い主であると思います。動物の立場に立って動物の為に自分が何をできるか、きちんと考えられる優秀な人だからです。こうした人は動物を傷つけることはありませんから、動物にとっては非常に良い人です。きちんと社会生活を営める優秀な人々なのでしょう。

でも、動物と暮らす楽しみを味わうことなく一生を終えてしまうのは、残念でなりません。動物とともに暮らした黄金の時代。動物と遊んだ思い出があるかないかで、人生の豊かさが違ってきます。ペットロスの項でも述べますが、最終的に専門医の助けを得なければならないとしても、ペットの死は必ず乗り越えられると信じています。死はそれほど忌避すべき出来事ではありません。死はあなたに大切な生を教えてくれるし、あなた自身の生き方を振り返るきっかけを作ってくれる。

「死ぬから飼いたくない」という言葉のかげに、「死なせてしまった責任をとりたくない」とか「ちゃんと世話をするために動物の習性や飼い方を勉強するのが嫌だ」もしくは「動物には関心がないし、面倒だから飼いたくない」という本音を隠していませんか。

私は動物に関して言えば「死」を忌避するのは間違いで、むしろ積極的に語っていくことで、死への準備ができ、生きている今をより楽しく過ごすことができると考えています。

つまり、よりよい死を考えることはよりよい生を考えることです。動物の死亡率は一〇〇パーセントです。必ず死ぬからこそ、生きていっしょにいる今が貴重なのです。私は天気の良い朝、散歩をしながら挨拶をするたくさんの犬と飼い主の姿によく心を打たれます。あと五十年経ったら、人間も連れている犬もこの世に一人もいなくなってしまうのだ、そう思うと、心が締め付けられるような愛おしさにかられるのです。うちのマリアもあと何年生きられるか、いっしょにいる今はなんて幸せな一瞬なのでしょうか。

また、「死んだあの子がかわいそうだからもう二度と新しいペットは飼いたくない」という人もいます。飼っていた動物を慈しんで育て、幸せに死なせた経験のある立派な人です。私は決して無理強いはしませんが、こういう優秀な飼い主には一頭でも多く幸せな動物と暮らしてほしい。

今、あなたの優しい手を待っているかわいそうな動物はたくさんいます。幸せに死んでいったあの子は、あなたが新しく動物を迎えても決して不愉快に感じることはありません。新しいペットを迎えたからといって、死んだ動物から愛情を奪うのではないから、死んだペットがあなたを憎むはずはない。あなたが再び動物と暮らし、幸せな時を過ごすのを望んでいます。ぜひもう一頭、幸せな動物を増やしてほしい。

動物は「死の概念」を怖がらない

四十年間、多くの動物の死を看取ってきましたが、どの動物も最期は誇り高く立派に死を迎え入れていました。死ぬのが嫌で嫌でどうしようもないという動物はいなかったのです。

それを見て、私は動物にとって死はそれほど忌まわしいものでも呪わしく嫌なものでもないな、と確信するに至りました。苦痛にのたうちまわっていても、いよいよ最期となった時はむしろ人間よりも正々堂々と誇り高い。これはもう動物に見習わなければいけませんね。ある時点からはきっぱり生に執着しない姿は立派です。

ですから、動物にとって死は恐るべきものではなくて、むしろ、直接自分を苦しめている痛みや肉体的不快感の方が辛いのだと思います。抽象的概念の「死」ではなく、動けない辛さ、食べられないという「現実」が苦痛なのです。

私の友人の高齢の母親はアルツハイマーを患ってからというもの、夜でも電気をつけて明るい部屋でなければ眠れないそうです。目が覚めて自分の周囲が見えないと、自分が死んでいるような気がする。眠ったまま死ぬのが恐ろしいようで、だから寝室はいつも明るくしておき、目が覚めると自分が生きているかどうかを確かめるために友人を起こす。おかげで友人はいつも寝不足なのだとか。大脳皮質が発達した人間だけに与えられた想像力が「死」を恐怖に感じさせるのです。

私は犬や猫になったことがないので真実はわかりませんが、犬や猫が死を怖がって異常な行動に駆られるというのは聞いたことがありません。高齢犬が墓穴を掘るように庭を掘り出したというぐらいで、死を前にして恐れる様子はない。向こう側に死が見え隠れするようになっても、今までの日常生活を淡々と続けているのがペットです。解剖学的に見ても人間のような大きな大脳皮質をもたないので、死を想像して恐れるということもありません。ですから、飼い主はその点を考慮したケアが必要になってくるでしょう。「死の恐怖」を取り除くのではなく、実際の「苦痛」「不快」を取り除く努力をすべきです。

幸せな死に方を考える

ペットはいろいろな死に方であの世へ旅立ちます。家の中で家族に見送られながら逝くこともあるでしょうし、病院の犬舎の中で力尽きることもある。死に場所もいろいろありますが、突然か、ある程度予想された死か、飼い主が死を予測できたかできないか、さまざまな状況が考えられます。

ペットについて最もよく知っているのは日常、世話をしている飼い主です。いろいろな死の状況が考えられますが、ほとんどの飼い主は家の中や犬小屋などペットが大好きな場所で死んでほしいと願っています。私もできるかぎり、飼い主の希望に沿うようにお手伝いします。できるかぎり家で死を迎えさせてあげたいのです。

病院の犬舎は確かに温度も一定で快適な状態を保っていますが、動物にとってはやはりいつもとは違った場所です。特に猫は環境に敏感で、家の模様替えをしただけでストレスを感じる性質をもっています。いつものまま、そのままの状態が快適なのです。また、ペットが最期に見る風景の中に大好きな飼い主がいたら、安心できるでしょう。

私はペットの死についての講演を頼まれると、まだ元気なうちにペットの幸せな死について想像してみてはいかがでしょうか、と、提案しています。「この子が死ぬなんてそんな、縁起でもない」なんて怒られてしまうかもしれませんが、実際、動物の死をシミュレートするのは「本当の死」を迎える時にとても役に立ちます。

というのも、実際に死を目前にするとほとんどの飼い主はパニック状態に陥って正常な判断を下すことがむずかしくなってしまうからです。獣医師はプロですからそうした飼い主の気持ちを十分汲み取った上で最良の選択をしてくれますが、飼い主がパニックになってしまい気持ちと正反対の意見を獣医師に主張することも多いのです。

ペットが健康で冷静に判断できる今、万が一に備えて「シミュレーション」をしてみて下さい。どうですか？　ペットがもっともっと可愛く感じられるでしょう？

Ⅱ　ペットロスは怖くない

ペットロスとは何か

「ペットロス」と英語にすると何だか非常に恐ろしい異常な「症候群（シンドローム）」のように感じられるものですが、本来、可愛がっていたペットを失って平気でいられるわけがない。楽しい散歩、遊び、喜んで食べたあれこれ、失った動物を思い出して泣くのは人間の感情としてむしろ普通の状態だと思うのですが、マスコミが面白おかしく取り上げてしまい、誤解された向きもあります。

動物好きな人はみんなどこかおかしな人が多いから、ペットが死んだらあんなにおかしくなっちゃうんだな。ペットが死んでカウンセリングなんておかしいねえ、そんな飼い主を異端視する視線が感じられる記事が多かった。今でこそ飼い主が「犬大好き」「飼い猫命」と公言して憚《はばか》らない状況にありますが、ちょっと前は犬や猫に拘泥《こうでい》するのは人間関係をうまく築けない人であると思われるようで、特に成人男性は公言しにくかったものです。

ペットロスがそんな暗い過去を引きずっているような広まり方をしてしまい、動物関係者の一人として残念です。

そもそもペットロスという言葉が話題になった段階で、動物の死ときちんと向き合おうという意見がもっと出てきてもよかった。「安楽死」問題もきちんと討論されるべきでしたし、ペットの死を通じてペットとの豊かな生活を改善していこう。ペットと飼い主の関係はより深くなっているから、その絆を社会的にサポートできるように何らかの対策を講じよう。例えばペットといっしょに入れる公園を増やしたり、ドッグランを設置するなど、生きているときにペットと楽しめるように、より前向きな活動をしよう……そういう具体的な行動にもっていけなかったのは少し残念です。

獣医師が果たす大きな役割

動物を失った喪失感は、子供を失った喪失感と同じです。むしろ、それより大きいかもしれません。子供を亡くした母親の悲嘆は多くの人の同情をえられるし、母親の精神的苦痛をケアするための施設もあります。しかし、ペットの死がどれほどその人の心を傷つけたのか、推し量って理解してくれる人は少ないのです。家族やそのペットと飼い主の関係を知っている人に限られる。そういう点から見ても、ペットの死に立ち会う獣医師の果たす役割は大きいのです。それなのに、獣医大学では、飼い主とペットの死に立ち会った時、獣医師としてどんな対応をするべきか、教えてくれる授業はほとんどありません。現場に出て暗中模索のうちに死を体験してしまいます。

ましてや新人獣医師ともなれば、処置で頭がいっぱいになってしまい、飼い主の気持ちを推し量る余裕もない場合がほとんどです。傷つけるつもりがなくても、不用意な獣医師の一言が、飼い主の心を深く痛めつけてしまう。普段は聞き逃せても、ペットの死を悲しむ飼い主にとって、その言葉がどんなに辛い意味をもってしまうことか。私は多くの事例を見てきましたが、残念ながら、口に出してしまった言葉はとりかえしがつかないのです。

ひきとり手を探しているウサギ

ペットロスの多くは獣医師との信頼関係に左右されます。信頼できる先生に「この子はよく頑張って天寿を全うしましたね」と言われれば、飼い主の心にその言葉は素直に届きます。しかし、獣医師に不信感があれば、何を言われても納得できません。良い死を体験できれば、出来事の記憶は薄れてもペットとの楽しかった感情だけは長く心に残るものです。そして、時間とともにまた新しいペットを家に迎えたいという気持ちが自然に芽生えます。

しかし、最期のあの時、先生がもう少し長く酸素室にいれていてくれればもしかしたら助かったかもしれないのに、とか、先生のやり方がまずかったから死んでしまったと飼い主が感じたら、長く後悔が残ってしまいます。私はペットロスの責任の大半は獣医師やAHTにあるような気がしてならないのです。飼い主の意思を無視して獣医師が独走してしまったり、死の責任を飼い主に押し付けるのは慎むべきです。

ある飼い主はうちの病院に来て「A先生は私の餌の与え方が悪かったから病気になったのだといいました。兵藤先生、私はあの子を殺してしまったのでしょうか」と泣きくずれてしまいました。これはもう獣医師がペットロスにしてしまったようなものです。餌の与え方が悪かったのならば、その動物が生きている間に食餌の方法をきちんと説明すべきでしょう。飼い主はペットの死の責任を感じて苦しくて苦しくて仕方なく、私のところへ相談に来たのです。

Ⅲ　正々堂々と「安楽死」と向き合う

肥満のペットに必要以上のおやつを与えている飼い主がいたら、私は怖い顔をして「飼い主さんがこのままおやつをあげていたらペットは死んでしまいますよ」とか「毒を与えて殺しているようなものですからこのおやつは絶対にあげないで下さい」と厳しく叱るでしょう。それがペットのためだからです。

しかし、死んだ後でいくら「飼い主の餌のあげかたが悪かった」と言ったってもうどうにもならない。命は二度と取り戻すことができないのです。もちろん、その飼い主が懲りずに別のペットを飼って、再び同じ間違いを繰り返していたら、その時は厳しく「おやつは百害あって一利なし」と徹底させますが、長年愛情をもって飼っていた飼い主にペットの死の責任を押し付けるのは、あまり良いやり方だとは思いません。後悔が残らないためにも、獣医師とは信頼関係をきっちり築いて、治療に関する話し合いは積極的に行うべきです。

動物福祉協会理事として思うこと

私は日本動物福祉協会の理事として、動物の福祉に関係する活動を長く行っています。今、飼い主不明の動物を収容している動物病院は全国でも珍しいのですが、兵藤動物病院は引き取った上、新しい飼い主を探す里親活動を積極的に行っています（残念ながら数が多く、すべてを救うことができないのが現状です）。利益に直接結びつかない上、収容動物のケアなど負担も大きいのですが、これは私が院長を務めるかぎり、やめるつもりはありません。

なぜ、そんな面倒なことを？　とよく聞かれます。私は自分が救ってやれなかった、何頭もの犬の姿がまぶたに焼きついて離れないからです。それは四十年前、地域の狂犬病注射に行くと必ず見られた光景です。

当時は何らかの理由で飼えなくなったり迷ってきた犬を狂犬病注射の会場に連れて行くと、保健所が引き取っていました。昔は狂犬病接種の会場は公園など公共の広場で、私たち獣医師が注射をしているすぐ近くの木やベンチに飼い主に捨てられた犬がうなだれてつながれていたのです。飼えないと連れてこられた犬は一様に大人しく、すでに自分の運命を悟っているかのようでした。それが一会場で一頭二頭の数ではない。広い公園では何十頭もの犬が木につながれ、捨てられました。狂犬病接種が終わると職員が彼らをトラックに積んで収容施設に送り、そこで安楽死です。これが日本の犬の現状だったのです。

動物のために、動物の幸せに貢献するために一生を費やす。そうした信念の下でやってきた私ですが、安楽死は動物の死の尊厳を損なうとも、動物福祉に反するとも感じない。感じてはいませんが、あくまでも安楽死させず、天寿をまっとうできる動物が増えるように活動したいと考えています。

人間の尊厳死についても関心が高まっています。日本医師会も業界団体としてこの問題に真剣に取り組んでおり、勉強会もたくさん開かれています。しかし、動物の尊厳死もしくは安楽死に関してはまだまだ議論されていない部分も多く、正々堂々と語り合うまでに至っていません。この問題は高齢動物の介護が多くなってきた現在だからこそ、早急に取り組むべき課題でしょう。事実、保健所では寝たきり動物の収容件数が増えています。

今では狂犬病注射の会場に捨て犬の姿を見ることはありません。ペットに関する限り、明るく健全な飼育環境に変わってきつつあります。現在ある多くの幸せは、過去の多くの不幸の上に成り立っているのだということを、少しだけ書かせてもらいました。

日米間の安楽死に対する感覚の差

これまで私は米国のSPCAの活動など、欧米流を一方的に礼賛するかのような書き方をしてきましたが、全部が全部良い部分ばかりだとも言い切れないところがあります。特に安楽死に関してはどうしても欧米の思考についていけない部分があります。カリフォルニアのSPCAでは、人間に対して少しでも攻撃するような行動を見せる犬は安楽死処置されるという話でした。子犬でも成犬でも同じだそうです。餌を食べている食器に手を近づけて、ウウッと唸ったり威嚇したらその犬は攻撃性のある犬となり、安楽死させてしまうのだとか。人間が徹底して犬を守る代わりに、守れない犬と守る犬の線引きをキッチリ引いて、守れない犬となったら安楽死処置をする。感覚が日本人と違うのです。

先日、オーストラリアから帰ってきた飼い主から聞いた話なのですが、隣の犬が真向かいの家で飼っていた猫をかみ殺してしまったそうです。怒った猫の飼い主は隣の家の主人を訴え、裁判の結果、犬は安楽死処分させられてしまったとか。猫が庭に入ってきたら、縄張り意識の強い犬はつい攻撃してしまうのは仕方がないと思うし、犬がじゃれているうちについ牙をむいてしまったというのもありがちだと思うのですが、「猫を攻撃するぐらいだから、人間にも危険な犬だ」という訴えが通ってしまったらしい。私は猫を外に出していた人にも問題があるのではないかと思うのですが、そんな理屈は通らない。咬む犬は社会的不適合として抹殺されてしまうのです。

私はファジーな日本人なので、欧米人のこうした激しさにはちょっとついていけないな、という気持ちもあります。ちいさな草花の中にも神様が住んでいる。そこここに神がいて見守って下さるという日本人の宗教観と、神様はキリスト一人だけという欧米人との宗教観や文化の違いかもしれないとも思います。徹底して攻撃性のある犬を排除していくのです。

私は人間に慣れない子犬が歯をむき出したからといって、大人になってもずっと人間を怖がり攻撃するようになるとは思いません。逆に少しぐらい咬む犬だとしても、咬まれないようにお互いちょっと距離をおいて暮らせばよいじゃないかと。実際、飼い主の中にも「先生この子は咬みますから」と診察の前に断ってくれる人もいます。でも、そうだからといってその犬が他の犬に比べると劣っているわけではないし、咬まれないように注意深く接すれば人も犬も互いに楽しく暮らすことができます。もちろん、咬まないようにしつけるのが大前提ですが。

日本では犬は番犬という役目を負っていましたから、主人以外には慣れにくい性質の犬が優秀な犬でした。サムライ・スピリットに満ちていて誇り高く、見知らぬ人が近づいたら攻撃するのが犬としての役目だったのです。米国の良い犬の基準からすれば、とんでもない犬で、真っ先に安楽死処分の対象でしょう。しかし、それが日本人の期待する犬の姿だったのです。

しかしその役割も、最近は番犬から共に暮らすパートナーとしての役目が求められるようになりました。人々のニーズが変化したのです。日本人の意識が変わったのです。それに連動して犬も急に変われといったって無理というもの。今はその過渡期なのです。

最近では日本犬も幼い頃から愛情をもって育てられ、人間に慣れ、穏やかで飼いやすい性質の犬がほとんどです。欧米産の純血種のように愛情をオーバーに表現せず、じっと飼い主を待っている姿がいじらしく奥ゆかしげで、かえって深い愛情と絆を感じられます。さらに、湿気の多い日本の気候に適合しており、皮膚病なども他の犬種に比べると少ない。日本でも欧米と同じような基準で、人間を攻撃したら即刻安楽死させるというのは私としては抵抗があります。風土と歴史が違うからです。

ですから、欧米の公園で犬が鎖を着けずにノーリードで散歩している姿を見て羨ましく感じるのは短絡的に過ぎます。あれは徹底的に人間が犬を管理し、人間に慣れた犬だけを子孫に残していった結果なのです。血統的に攻撃心のない犬だけが生き残ってきたから、人間を咬まない犬になる。安楽死に関しても長い歴史をもつ欧米と、一匹の虫の命も大切にする日本。どちらが良いか悪いかの問題ではありません。犬との付き合いという長い歴史をふっとばして、結果だけを見て比較して羨ましがる虚しさを言いたかったのです。

Ⅳ　生前に準備する死

感謝状を書いてみよう

ここで少し楽しい作業を提案したいと思います。ペットへの感謝状の作成です。これは米国にある、死んだ動物のためのメッセージカードをヒントに考案したものです。よく父の日や母の日に両親に感謝の作文を書きましたが、その相手を人間でなくペットにするのです。作文だと日ごろ文章を書きなれていない人にはちょっと抵抗があるし、短歌や俳句もその趣味がなければ構えてしまいます。感謝状だと、①ペットがどうである、②それで自分（家族）はこんなに幸せになった、よって感謝します、という文章に当てはめるだけ。子供から大人まで簡単に書くことができます。

メモ用紙に書くだけで十分に感謝状の気分が味わえますが、もしパソコンをもっていたら表彰状のフォーマットが文具メーカーのサイトにあり、無料でダウンロードできるものもあるのでお勧めです。

この表彰状の良いところは作文のように長々と理由を書く必要が無く、誰でも思いついたとき、簡単にできる点です。動物にとっては感謝状があろうとなかろうと普段の生活にはまるで関係がないのですが、コーヒーを一杯いれる時間でできて、とびきりのコーヒーを飲んだのと同じくらい満足できる作業なので、やってみてはいかがでしょうか。

例文

「感謝状　兵藤マリアさま　あなたは兵藤家の一員として毎朝お父さんの健康増進と家族の話題提供に努めてくれました。よってここに感謝状を贈ります　平成○年○月○日　兵藤哲夫」

図表9　感謝状のサンプル

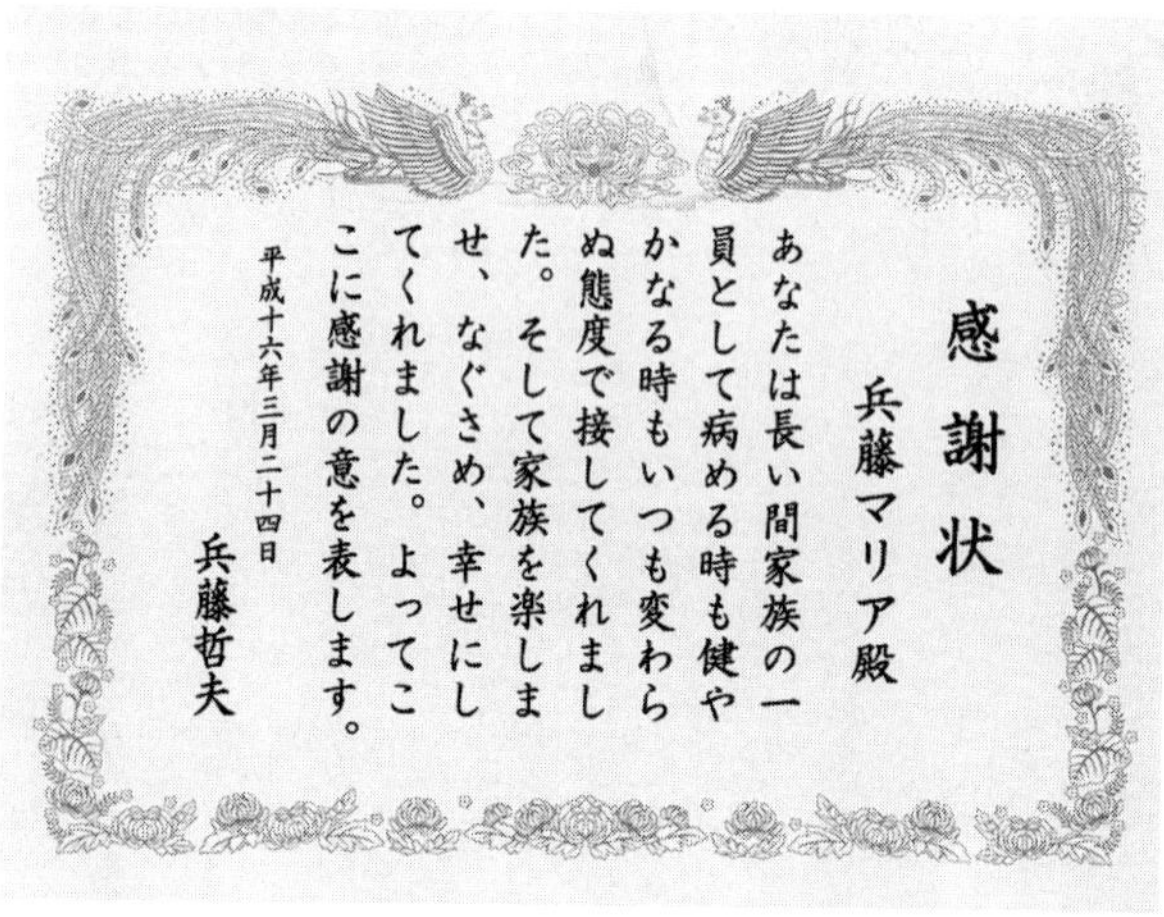

感謝状

兵藤マリア殿

あなたは長い間家族の一員として病める時も健やかなる時もいつも変わらぬ態度で接してくれました。そして家族を楽しませ、なぐさめ、幸せにしてくれました。よってここに感謝の意を表します。

平成十六年三月二十四日

兵藤哲夫

「感謝状　柿川マルさま　あなたは毎日窓際のソファーでのんびり眠っています。その寝姿は家族全員の心を和ませています。よってここに感謝状を贈ります　平成○年○月○日　柿川鮎子」

「感謝状　斉藤ロンさま　あなたといっしょに暮らしたくて、パパは思い切って家を建てることにしました。ママも大喜びです。よってここに感謝状を贈ります　平成○年○月○日　斉藤玲」

　小さなはがき状の表彰状用紙に毎年ペットの誕生日に一枚ずつ書いて保管している飼い主がいました。書くことで、普段なにげなくすごしているペットとの時間をより貴重に感じることができるのだとか。ペットにしてみれば紙切れ一枚よりおいしいおやつや散歩の方がありがたいのかもしれません。しかし、おやつは身体に毒ですが、感謝状は飼い主の心の栄養になります。紙切れ一枚でも、やるのとやらないのとでは大違い。きっともっともっとペットが好きになるし、ペットと遊びたくなります。ペットが亡くなったあとの思い出のよすがにすることもできるので、ぜひやってみてはいかがでしょうか（図表9　感謝状のサンプル）。

V　葬儀と墓の問題

荻生徂徠に学ぶこと

世の中にはためになる本がたくさん出版されていますが、こと動物の葬儀に関する指南書、いわゆるハウツー本は一冊もありません。動物の葬儀に関してどのように行うべきか、または、動物の葬儀に対する情報を知りたいと考えている人がいないのでしょう。これほど動物関連情報ビジネスが発達している現在、珍しい現象だなと思います。

一方、動物の葬儀を行っている会社はたくさんあります。それぞれが独自のノウハウをもち、飼い主のニーズにあったサービスを提供していて、感心してしまいます。先日は動物の骨を海に返す動物葬儀会社のチラシを見つけて驚きました。船で沖まで行って骨を海に返すと書いてあり、カラー写真が掲載されていましたが、なかなか立派な客船です。人間の葬儀と同じサービスが動物にも浸透していくのを感じています。

またまた昔の話になって恐縮ですが、私が開業した当初は動物の葬儀を行う会社など近くに一軒もありませんでした。ほとんどの家では庭に埋葬したり、清掃局に届け出て遺体を引き取ってもらったものです。私はペットの遺体をゴミと一緒に埋葬するのがしのびなくて、動物葬儀専門会社を設立しようと呼びかけました。今では設備の整った会社がたくさんできました。独自の火葬施設をもち、寺院の一角に納骨堂を設置し、慰霊も行われて、天国に逝った動物たちの霊をなぐさめています。

飼い主から葬儀の相談があった時に対応できるよう、資料も持っていますが、私は動物葬儀に関して言えば文豪森鷗外が「礼儀小言」で書いている「(荻生) 徂徠の『人々以己心所安断之可也』は、訳して云えば『手ん手に気の済むやうにするが好い』となる」という言葉が好きです。

荻生徂徠は葬儀を仏式にするか儒式にするかを問われた時にそう答えたということで、なかなか含蓄がある。鷗外も共感している通り、結局、葬儀は残された飼い主がてんでに心安らかなる所をもって行うべきなのでしょう。飼い主の気の済むように、飼い主がそうしてやりたいと思ったように埋葬するのが動物にとっても一番良い葬儀ではないでしょうか。

死を悼むことの大切さ

都市部では近所づき合いが減ってきたとはいえ、犬や猫を飼っているとご近所のペット仲間とのおつき合いも自然と多くなります。通りかかった家の玄関先に猫が座っていたら、猫好きの人だったらつい触りたくなるでしょうし、「うちも猫を飼っているんですよ」なんて世間話の一つもしたくなるのが人情というもの。そこから「お宅の通っている動物病院はどこ？」とか「良いキャットフードはないかしら」なんて情報交換も活発になって、動物を介した知り合いが増えていく。

さらに犬ならお散歩を通じて多くのご近所との接点が生じます。朝の散歩で出会う人やいつも遊ぶ公園での犬仲間まで、飼い主が知らず知らずのうちに、ペットはたくさんの人々に認知されて生きています。ペットが社会性をもった存在として確立してくるわけです。

そうしたペットが亡くなれば、飼い主だけではなく、可愛がってくれた多くの近所の人々もその死を悼むでしょう。特にペット仲間なら、動物を亡くした飼い主の悲しさを分かち合い、慰め合ってくれる。飼い主は「こんなにも多くの人に愛されていたのだ」と改めて知り、ペットがどんなに大きな存在であったかを実感する。そしてペットが文字通り、かけがえのない存在であったことを感じるのです。

コロラド大学では無料のポストカードが常備されていて、ペットを亡くした飼い主が葉書でペットの死をお知らせすることができます。こうしたカードを書くことで、ペットの死を共有し、ペットロスを緩和するのだと職員が説明してくれました。カードを書くといった葬式ともいえないようなささやかな死に際しての作業は、人々の心の区切りをつけるために有益です。白と黒のシンプルだけれど美しいデザインのカードで、もらった人は、もう会えなくなったペットを思い出して悲しくなると同時に、自分に知らせてくれてありがたいという気分になれる、そんな素敵なカードでした。

日本でも同じような死の儀式を発見したことがあります。玄関先の犬小屋に小さなポスターが貼ってあったのです。目を凝らしてよくみると、犬小屋の屋根には犬の写真と飼い主からの「十七年間、可愛がって下さって有り難うございました。○日午後、天国に逝きました」というコメントがありました。そしてその下には誰かが持ってきたのでしょうか、白いリボンで束になった小さな野菊が供えてあったのです。私は感激して、線香の一本もあげようとつい玄関先の呼び鈴を押したくなってしまいましたが、自分の職業を振り返って思いとどまりました。

十七年間、本当に愛されて来た犬なのでしょう。こうした死のお知らせもあるのだなあと感激してしまったのです。道は玄関に面していて、亡くなった犬小屋の主はきっと毎日、道を通る人々を眺めて暮らしていた。いつも通っている小学生がこの家の人に尋ねたのかもしれません。「ねえ、おばちゃん、○○ちゃんを見ないけど、どうしちゃったの？」、「亡くなったのよ」、「えっ？　本当？」そんなやり取りがあってのポスターだったのか。この家で暮らした犬は幸せだったなあと想像してしまったものです。きっと、近所のアイドル犬だったのでしょう。

ポスター一枚だけれど、こういうお葬式もいいなあと病院に帰って、その話をしたら、

「それは防犯上、いかがなものか」とこれまた気分を殺ぐようなことを言う人がいる。「最近は強盗も増えているのに、犬がいなくなったのを公表するなんて、ドロボウに入りやすい家ですよと教えているようなものじゃないの、そんなポスターは危ないんじゃないの？」と。たしかに、そう言われてみればそんな気もします。せちがらく、殺伐とした世の中になったものです。せめて、しみじみとご近所さんとペットの死を悼むことのできる、安全な社会を実現したいものです。

墓を作る？　作らない？

葬儀と同時によく相談されるのが墓の問題です。私は葬式と同じく、「人々以己心所安断之可也」で、やりたいように気の済むようにしたらよいとアドバイスしていますが、こんな話もあります。

石を削って墓を作る石屋は絶対に墓石を壊さないのだそうです。どんな石でもいったん墓として作られたものを傷つけたり壊したりはしない。石屋の固い掟なんだそうです。その話を聞くまで、私は石屋がどれだけ墓を大切にしているかを知らなかった。

ある時、家を増築しようと飼い主が石職人を家に呼んだ。その飼い主は代々、狩猟を趣味としていて、現在まで何頭もの大型犬を飼ってきました。今いる犬もなかなか優秀なイングリッシュセッターです。猟犬が亡くなると庭の墓へ埋葬していました。

飼い主が設計図を描いたところ、ちょうど墓のある場所にテラスハウスを増築できる。そこで飼い主は、犬の墓を動かすついでに石を少々削って墓を縮小してくれないか、とお願いしたのだそうです。すると職人がカンカンになって怒ってしまった。「俺は墓は壊さない」と大声で大反対された上、墓をないがしろにするなんて薄情者、そんな心がけじゃあ、あんたの家はじきに滅びるぞ、そんなことを俺にさせるなんてひどい野郎だ、二度とあんたの顔を見たくない、とまで罵倒されて飼い主はすっかりしょげきってしまいました。

私は飼い主に「死んだ犬が生きた人間に災いするなんて聞いたことがない」とか「死んだ犬に咬まれた人間はいないよ」と慰めましたが、石屋の罵倒はかなりこたえたようで、なかなか元気になってくれなかったものです。それにしてもいろいろな職業的モラルというものがあるのだなあと感心しましたが、結局、墓の位置が問題で、テラスハウスを増築するのは諦めてしまいました。

もう一つ、動物の墓にまつわるしみじみとした話を聞きました。ある猫の飼い主が大学病院に入院した。早く家に帰って猫に会いたい一心でつらい病気を克服し、ようやく退院にこぎ着けることができました。いよいよ退院の日、開花したばかりの桜があんまり美しいので、迎えに来た息子と一緒に大学の敷地内を散策したそうです。そこで桜の木の下に小さな墓を見つけました。「それがね、実験動物の墓だったのよ。名前もついていないような動物たちのおかげで私の病気も治ったんだなと思ったら、本当に有り難くて有り難くて思わず両手を合わせてしまいました。ほんとうに、動物のお墓って大切ですね。お墓が無ければ私は実験になってくれた動物のことを知らずにいたのですから」。幸せそうに猫を抱きながら話してくれました。なるほど、そういう墓はつい忘れがちな大切なことを、私たちに思い出させてくれる大切なモニュメントでした。

それにしても、動物は墓を作ってもらいたいのでしょうか。立派な墓を作って飼い主が命日には忘れず墓参してくれるのを待っているのだろうか。もし私が犬だったら、猫だったら、ハムスターだったら、鳥だったら……どんなに想像してもわかりません。どうやって考えてみても、答えは出ません。

墓のあるなしに関係なく、思い出せばペットはあなたの心の中で元気な姿を見せてくれます。立派な墓を作って思い出のよすがにするのも一つの方法だし、心の中の墓標でも充分喜んでくれる。墓があってもなくても、ペットはいつまでもあなたの心の中でやんちゃで可愛らしい姿を見せてくれます。それがあなたの宝物です。それだけは誰がどんなことを言おうとも真実です。

Ⅵ　動物との生活を、ふたたび！

天寿をまっとうして、可愛いペットは天国へ行きました。作家の赤瀬川原平さんは「犬のいる人生犬のいる暮らし」（文藝春秋臨時増刊二〇〇四年三月号）の中で「ニナ（注：愛犬）は結局三年間寝たきりのあと、十七歳であの世へ行った。人間としては、あの世へ行く楽しみが一つ増えたと思っている」と書いていて、しごく名言だと感心しました。

さて、そうして犬の死を乗り越えた後、あなたはもう一度、ペットを飼いたいと感じるかもしれません。私の所にも「ペットが死んで次のペットはいつ頃飼ったらよいでしょうか」と聞いてくる人がいます。私はそんな時、「次に飼うべき時は、あなたが本当に飼いたいと感じた時」と答えています。

そして、「前に飼っていたペットと同じ種類がよいでしょうか?」という問いにも「まず、そのペットに会って、決めてみてはいかがでしょうか?」とアドバイスしています。

盲導犬クイールには左わき腹に不思議な模様がついていたそうですが、同じ場所に同じような模様をつけた犬が目の前に現れたとき、それを再度私の所へ来てくれた神様の奇跡と感じるか、いつも悲しみと共に思い出すようすがになってしまうのか、その人の感じ方の違いで私には分かりません。実際に動物に会ってみて、心の中からわき上がってくる正直な声に耳を傾け、決断するのが最もよいでしょう。そしてぜひふたたび、ペットと暮らす素晴らしい生活をスタートさせて下さい。

私たち獣医師は一日も早くその日が来ることを願っています。そして飼い主と一緒に、ペットとの楽しい思い出をたくさんつくっていきましょう。

あとがき

動物がくれる豊かな時間、かけがえのない絆については、多くの方々がすでに実感しているでしょう。古くは南極犬タロ・ジロから渋谷のハチ公、長野・秋津高校のクロなど、人間を裏切らずひたむきに迫ってくる犬の瞳。「にゃ〜ん」と甘い声で誘ってくる猫のしなやかな身体。一心不乱にニンジンを齧《かじ》っているウサギや、胸を膨らませてさえずる鳥たち、これらを愛おしいと感じる魂をもって生きているのが人間なのです。

文字をもたず言葉の通じないペットと人が魂を共鳴させ、本当の愛を感じることができる奇跡のようなできごとを体験できるのが飼い主です。そう、家族に迎えたたった一匹の動物で人生が変わってしまう……飼ったことのある人ならば「そういう事もあるだろうなあ」と思い当たる節もあるでしょう。

それがほんの少しの間違いで互いに傷ついたり、動物の寿命を短くさせてしまう。こうした間違いはすべて飼い主の側にあって、動物は何も悪くない。

私は約四十年の獣医師生活で断言しますが、動物とのトラブルの原因はすべて人間の側にありました。「動物は絶対に悪くない」のです。悪意がある場合は論外ですが、人間が良かれとやった事が動物を傷つけるという不幸な事態を避けるために、この本を書きました。

……と、偉そうに言っていますが、私も生身の人間ですから間違いはたくさん犯します。

しかし、間違った経験があるからこそ、なぜ、間違ってしまったのか、どうしたら間違わずに済むのか、よく理解できるのです。失敗した経験の無い人に比べると、その点が強みではないかと思ったりもするのですが、こと、動物に関しては間違いによって、命を落とすというとりかえしのつかない事態に陥ってしまう。そんな不幸を一つでも無くしたいという切なる願いが一冊の本となりました。

この本は柿川鮎子が作成した目次に沿って、私が自由に話し、それを柿川がＩＣレコーダーに録音して文章に起こし、写真や資料を添付して編集し直しました。作業をはじめて約一年、録音時間にしておよそ百時間という膨大な内容の中から重要なエッセンスを抽出しています。
振り返るとまだまだ語り足りなかった部分も多くありますが、この本を読んで「動物と暮らしたい」と感じる人が一人でもいてくれたらこんなに嬉しいことはありません。

二〇〇五年三月

兵藤動物病院院長　兵藤哲夫

兵藤哲夫（ひょうどう　てつお）
1939年、静岡県生まれ。麻布大学獣医学科卒業。63年、横浜市に兵藤動物病院を開設。以後、院長を務める。日本動物福祉協会理事。兵藤動物病院の公式サイトは http://www.hyodo-a.com

柿川鮎子（かきかわ　あゆこ）
1963年、神奈川県生まれ。明治大学政治経済学部卒業。日刊工業新聞記者を経てフリーに。著書に『極楽「お不妊」物語』『負け犬以下のささやかな楽しみ』（以上河出書房新社）、『犬にまたたび猫に骨』（講談社）。公式サイトは http://homepage1.nifty.com/KAK/

文春新書

441

動物病院《どうぶつびょういん》119番《ばん》

平成17年5月20日　第1刷発行

著　者	兵　藤　哲　夫 柿　川　鮎　子
発行者	細　井　秀　雄
発行所	株式会社　文　藝　春　秋

〒102-8008　東京都千代田区紀尾井町3-23
電話（03）3265-1211（代表）

印刷所	理　想　社
付物印刷	大日本印刷
製本所	大　口　製　本

定価はカバーに表示してあります。
万一、落丁・乱丁の場合は小社製作部宛お送り下さい。
送料小社負担でお取替え致します。

ISBN4-16-660441-4